U0153564

圖解

五南圖書出版公司 印行

實用食品微生物學

李明清
邵隆志
吳伯穗 / 等著

閱讀文字

理解內容

觀看圖表

圖解讓
食品微生物學
更簡單

序言

　　食品微生物學，是研究食品製造與微生物之間關係的一門有趣的學科，不論對於食品是有益或有害，都是它探討的範圍。本書簡要的介紹了有關微生物的基本知識，從微生物如何在人類活動中被發現，以及生命活動的基本規律開始，逐步論述了微生物與食品加工的影響，有益微生物早期在食品加工、發酵、釀造和乳品等方面的應用，對人類做了重大的貢獻，而有害微生物所引起的食品腐敗，也對人們身體健康造成莫大的衝擊。

　　近年來隨著科學不斷進步，食品微生物學得到迅速的發展，也對食品加工產生實質的影響，當大家把注意力專注在尖端科技之際，其實基本的微生物對食品加工的影響，仍然扮演重要角色。微生物應用於食品加工，具有投資少、建設快、效益好、汙染少的優點，因此值得食品加工業者花多一點力氣來關注，也值得一般消費者來了解，因為利用微生物來生產人類需要的產品，符合人類的一般認知，容易得到人們的信任。坊間一提到微生物學，總讓人有莫測高深的感覺，缺乏一本簡易的參考書籍。

　　《圖解實用食品微生物學》一書是作者們把多年在食品業界的經驗化做文字，以圖解的方式呈現，希望讀者以最少的時間，得到最基本對於食品微生物的知識，而有利於在食品加工的基礎應用，也可以把它當成要進一步進修微生物學的入門書。本書以圖解方式解說，希望讓初次接觸的讀者容易上手，雖然盡力整理編寫，期望能盡善盡美，但恐有遺誤不逮之處，懇請先進賢達不吝指正，不勝感激。

作者簡介

黃種華
現職

台灣優良食品TQF發展協會食品志工

學歷

省立屏東農業專科學校農業化學科三年制畢業

經歷

台鳳工業股份有限公司生產部經理

台鳳工業股份有限公司總裁特別助理

吳伯穗
現職

台灣優良食品TQF發展協會食品志工

學歷

國立台灣大學畜牧學研究所碩士

經歷

味全食品工業股份有限公司研發經理

邵隆志
現職

台灣優良食品TQF發展協會食品志工

學歷

文化大學食品營養學系畢業

經歷

味全食品工業股份有限公司研發經理

味全文教基金會顧問

蔡育仁

現職

台灣優良食品TQF發展協會食品志工

學歷

國立台灣海洋大學水產食品科學研究所碩士

經歷

中華穀類食品技術研究所 研究員、督導、管理代表

標準檢驗局 CNS委員（食品）

徐能振

現職

台灣優良食品TQF發展協會食品志工

學歷

(1)屏東農專農化科畢業

(2)中興大學食品科學系畢業

經歷

義美食品龍潭廠區總廠長

徐維敦

現職

台灣優良食品TQF發展協會食品志工

學歷

文化大學經濟系畢業

經歷

味全食品股份有限公司主計部經理／康和證券總經理特助

吳澄武

現職

台灣優良食品TQF發展協會食品志工

學歷

國立政治大學國貿系畢業

經歷

味全食品工業股份有限公司 貿易部經理

李明清

現職

台灣優良食品TQF發展協會食品志工

學歷

國立台灣大學化工系畢業

經歷

味全食品工業股份有限公司台北總廠長

純青實業公司顧問

第1章　認識微生物

第2章　食品中主要微生物

第3章　微生物的生理

第4章　食品微生物的利用

第5章　食品變質與食品微生物

第6章　微生物的變異、育種、保存

第1章
認識微生物

1.1 微生物淺說

李明清

　　微生物是指一群單細胞生物體，其形態極小，肉眼看不到，必須使用顯微鏡才能觀察到它的型態，這種微小的生命體，我們就叫它為微生物。它雖然微小卻具有完整的生命，而所謂微生物學，是專門研究各種微生物的型態、生理、生態遺傳應用及微生物各種活動對人類影響的學問。廣義上來講包括原核微生物、眞核微生物、非細胞微生物、原生動物及其他菌藻類等，都是它探討的範圍。微生物形體極小，廣泛分布在自然界，其中以細菌分布最廣，在食品加工上，比較常談到的則有：細菌、放線菌、酵母菌、黴菌、擔子菌及病毒等。

　　眞核微生物有完整的細胞構造，它的細胞核被核膜包圍著，例如酵母菌及黴菌等，而原核微生物只有原始的細胞核，沒有核膜，例如細菌、放線菌、藍綠藻等，非細胞微生物的病毒只有核酸和蛋白質，而後來才發現的類病毒更只有核酸而已，其他微生物則包括：螺旋體、支原體、立克次氏體、衣原體、單細胞藻類及原生動物等。

　　荷蘭人列文虎克（Leauwenhoek）是發現微生物的始祖，古代人觀察澄清的肉汁，放置一段時間之後，漸漸混濁，發現其中有微生物存在，而有了生命自然發生的學說，一直到法國人巴斯德（Loais Pasteur）的曲頸瓶試驗，證明生命來自生命，而推翻了生命自然發生說的理論。微生物的營生有寄生及腐生兩種方法，增殖有出芽法與分裂法，有時亦行接合法。微生物的命名，僅需將微生物的屬名及種名同時表明，不必將界、門、綱、目、科、屬、種全部寫出來，這叫作林奈的二名法，是瑞典植物學家林奈所倡導的：①屬名在前（第一字母大寫）；②種名（小寫）在後。

　　微生物在有害方面，會造成食品的腐敗及中毒而引起各種疾病的發生；在有益方面，主要使用在發酵工業、廢物處理及醫藥上，可以說是自然界中主要元素碳、氫、氧、氮、硫的循環利用的過程，主要的利用有：①微生物菌體本身的利用，例如綠藻；②微生物酵素的利用，例如S.C.P；③微生物代謝產物的利用，例如味精、擔菌；④微生物發酵產品，例如核苷酸調味料；⑤微生物特殊機能之利用，例如酵母菌體為原料等。

小博士解說

微生物命名：林奈二名法。

① 屬名在前（第一字母大寫），名詞。

② 種名（小寫）在後，形容詞。

屬名	種名		屬名	種名	
Homo	sapiens	——	人	智慧的	➜ 人
Mocaca	cyclopis	——	猴子	圓圓臉的	➜ 獼猴
Canis	latrans	——	犬	野外灰色的	➜ 狼
Canis	familiaris	——	犬	在家養的	➜ 狗

微生物淺說

| | 微小
構造簡單 | 單細胞生物
顯微鏡才能看到 |

完整細胞構造　　　　　　真核　　　　　　酵母菌
　細胞核被　　　　　　　微生物　　　　　黴菌
　核膜包圍

有原始細胞核　　　　　　原核　　　　　　細菌
　沒有核膜　　　　　　　微生物　　　　　放線菌
　　　　　　　　　　　　　　　　　　　　藍綠藻

　　　　　　　　　　　　非細胞　　　　　病毒：有核酸和蛋白質
　　　　　　　　　　　　微生物　　　　　類病毒：只有核酸

　　　　　　　　　　　　其他　　　　　　螺旋體
　　　　　　　　　　　　微生物　　　　　支原體
　　　　　　　　　　　　　　　　　　　　立克次氏體
　　　　　　　　　　　　　　　　　　　　衣原體
　　　　　　　　　　　　　　　　　　　　單細胞藻類
　　　　　　　　　　　　　　　　　　　　原生動物

＋知識補充站

　　人體微生物的細胞數量為人體自己細胞數量的10倍以上，人類和細菌健康共生是一個新的研究課題。

1.2 微生物的特徵

李明清

　　上至天空下到深海，在自然界中都有微生物的存在，溫度90℃的溫泉到−80℃的南極、鹽湖、沙漠、人體內外、動植物組織，都能看到微生物的蹤跡，可以說是無孔不入。微生物本身小而輕，大概10億個細菌才有1毫克重，可以隨風飄蕩，走遍天涯海角。土壤是各種微生物的大本營，1克泥土就有微生物幾十億個，可以成為微生物的小世界。凡是有高等生物存在的地方，就有微生物的存在。微生物繁殖的速度快，在適當的條件之下，例如細菌20～30分鐘就能分裂一次，如果以20分鐘分裂一次計算，一天就會分裂72次，計算這些細菌的數量，就能把地球表面蓋滿。實際上，隨著菌體數目的增加，營養會補充不及，代謝產物會逐漸累積，條件改變之下，適宜環境很難維持，因此上述情形不太會發生，不過這一個特性——效率高、發酵週期短，給了人類利用上很大的便利。

　　微生物因為個體小，其單位體積的表面積相對很大，能夠與環境迅速進行物質的交換，完成新陳代謝的作用。從單位質量來看，其代謝的強度比高等生物大幾千倍，因此能高速生長繁殖，並且產生大量的代謝產物，例如1公斤酒精酵母，1天就能消耗幾千公斤的糖生成酒精，生產味精的短桿菌從搖瓶種子到50噸發酵槽，在50小時內細胞數目可以增加30億倍，其代謝的強度之大，高等生物可以說望塵莫及。

　　微生物的種類繁多，培養容易，人類利用不同種類的微生物，可以生產不同種類的發酵產品，例如酒類、醬油、有機酸、乳酸飲料、酶製劑等。微生物的培養不須昂貴設備、不受季節影響、原料多樣、培養條件溫和等是它容易培養的主要原因。其食用的原料有動植物可以利用的蛋白質／脂肪／醣類／無機鹽等，動植物不能利用的纖維素／石油／塑料等，對動植物有毒的氰／酚／聚氯聯苯也都有微生物可以利用。

　　微生物為了適應多變的環境條件，在長期的演化過程當中，產生了許多的代謝調控機制，以適應多變複雜的生存環境，例如形成休眠細胞長期休眠；產生孢子以抵抗外界不良環境；肺炎雙球菌外的莢膜可以抵抗白血球的攻擊，產生各種的隨機應變或者變種等。

　　微生物大都是單細胞，生物個體微小，人類可以利用各種物理、化學及生物方法來改變微生物的遺傳性質，達到控制生物代謝途徑的目的，例如味精的生產菌變異之後，高絲氨酸缺陷型可以生產賴氨酸，抗乙硫氨酸變異株可以生產甲硫氨酸。賣菌株的廠商可以調控變異條件，讓菌株只能使用一次就變回原株，以保護其技術可以不被偷用。

小博士解說

　　微生物的誘變可以改變遺傳性質及代謝路徑以提高發酵的收率，例如味精發酵的麩酸得率在1970年代為6%左右，目前已經提高到約12%。

微生物的特徵

	繁殖快 ————————	細菌20-30分鐘分裂一次
高空到深海 小而輕 ————————	分布廣 ————————	無孔不入 −80℃～90℃的環境皆可
代謝類型多 生物固氮作用 ————————	代謝強 ————————	1公斤酒精酵母 1天消耗幾千公斤糖
不須昂貴設備 不受季節影響 ————————	培養易 ————————	原料多樣 培養條件溫和
蛋白質／脂肪／ 醣類／無機鹽 ————————	食物雜 化廢為寶	纖維素／石油／塑料／ 氰／酚／聚氯聯苯
休眠／孢子／ 莢膜 ————————	適應強 ————————	隨機應變 變種

✚ 知識補充站

微生物與動物及植物相比，它更適於在地球上生存。

1.3 微生物學的發展

李明清

　　研究微生物及其生命活動的科學，叫作微生物學，其發展過程可以分爲知其然階段 ➜ 眼見爲憑 ➜ 建立微生物學實驗方法 ➜ 微生物內部構造研究等四個階段。

　　4000年前的龍山文化時期，人們就會利用微生物來釀酒，北魏的《齊民要術》中詳細記載了製麴和釀酒的技術，書中的黃衣就是現在的米曲黴。書中也指出種過豆類的土地特別肥沃，並提倡輪作制。種牛痘預防天花的方法，早在北宋公元1000年的防天花之「人痘」發明，可以說是一切免疫方法的起源，因爲始終沒能看到微生物的個體，是個只知其然不知所以然的階段。

　　17世紀末因應航海需要磨製透鏡，荷蘭人列文虎克（Leeuwenhoek），沒受過正規教育，當過布店學徒及市府看門人，對自然科學興趣濃厚，愛好利用業餘時間磨製透鏡，終於做成放大200～300倍顯微鏡，觀察雨水、牙垢、腐敗物、血液等。他1675年發現原生物，1683年發現了細菌並描繪成圖，把它叫作「微動體」，於1695年發表了〈列文虎克發現的自然界的秘密〉。此後的100年，科學家紛紛尋找各種微生物，進行觀察也做了簡單的分類，只能描述型態對於生理仍不了解，叫作眼見爲憑階段。

　　到了19世紀50年代，研究開始由表面到裡面，揭開了微生物生命活動的規律，建立了微生物學的實驗方法，是微生物發展的奠基時期，代表人物是法國巴斯德（Pasteur）以及德國科赫（Koch）兩人。巴斯德的曲頸瓶實驗，否定了生命自然發生說，他也解決了當時生產中提出的許多難題，例如啤酒變酸的問題只要把酒加熱到一定溫度保持一定時間就可以了；蠶病只要在顯微鏡下發現有致病的細菌就連蠶卵一起燒掉就可根除；雞霍亂可接種低毒性病原體得到免疫力；用固定毒疫苗治療狂犬病；從酒精發酵及牛奶變酸之研究奠定了微生物學的理論；創著名的巴氏消毒法等。科赫（Koch）則在發明固體培養基、創細菌染色法、發現許多病原菌、以及細菌的疾病法則「科赫法則」上面做出偉大的貢獻。除此之外，俄國微生物學家於1887年及1892年發現自養微生物及病毒，並且提出了傳染病的病毒學說，是非常重大的微生物學上的貢獻。以上可以算是建立微生物學實驗方法階段。

　　20世紀以來，因爲電子顯微鏡的發明，大大加快了微生物學研究的步伐，原來看不清楚的內部構造，現在可以觀察的比較清楚，蛋白質、碳水化合物等的代謝過程，也研究的比較透徹，微生物的生長、遺傳、免疫、分類研究等取得了很大的成果。1929年弗萊明的抗生素、1944年埃弗里的DNA、1953年華特生及克里克的雙螺旋發表，可以作爲這一階段的代表，叫作微生物內部構造研究階段。

小博士解說

　　上面的一些重大成果，主要是以微生物作爲研究對象，人類對於微生物懷有特殊的感情，因此研究特別活躍，成果也就特別大了。

微生物學的發展

| 1. 4000年前龍山文化
微生物釀酒
2. 2000年前野生菌食用
3. 種過豆類土地肥沃
4. 輪種 | ——— 知其然階段 ——— | 5. 食品／釀造行業興盛
6. 北魏齊民要術中的黃
衣——現在的米曲黴
7. 北宋公元1000年的防天花
之「人痘」發明 |

| 荷蘭人列文虎克
1. 1675年發現原生物
2. 1683年發現細菌 | ——— 眼見為憑 ——— | 1. 航海需要磨製透鏡
2. 產生200～300倍顯微鏡
3. 1695年發表〈列文虎克發
現的自然界的秘密〉 |

| 1950年代
研究由表面到裡面
微生物生理研究
德國科赫（Koch）
1. 發明固體培養基
2. 創細菌染色法
3. 發現許多病原菌
4. 細菌的疾病法則 | 建立微生物學
實驗方法 | 法國巴斯德（Pasteur）
1. 曲頸瓶實驗否定
生命自然發生說
2. 解決啤酒變酸、蠶病
雞霍亂、狂犬疫苗
3. 奠定微生物學理論
酒精發酵、牛奶變酸
4. 創巴氏消毒法 |

| 20世紀以來
電子顯微鏡發明
1. 1929弗萊明的抗生素
2. 1944埃弗里的DNA
3. 1953華特生及克里克
的雙螺旋發表 | 微生物内部
構造研究 | 1. 蛋白質等的代謝研究
2. 微生物的生長、遺傳
免疫、分類研究
3. 生物工程學
4. 遺傳工程學 |

✛ 知識補充站

微生物學的發展伴隨著人類生活的需求而改變，不但有趣也很實用，未來將對人類糧食及生態有重大的影響。

第2章
食品中主要微生物

2.1 細菌

李明清

　　細菌是一種個體微小，型態結構簡單，靠二分裂繁殖的單細胞微生物。細菌的基本型態有：球狀、桿狀、和螺旋狀，分別叫作球菌、桿菌和螺旋菌。

　　球菌有單球菌（尿素小球菌）、雙球菌（肺炎雙球菌）、四聯球菌（四聯小球菌）、八疊球菌（乳酪八疊球菌）、鏈球菌（乳鏈球菌）及葡萄球菌（金黃色葡萄球菌）等六種。桿菌是細菌中種類最多的，因為菌種的不同，菌體的長短粗細都有差異。依照長短不同可分為長桿、短桿及球桿。依某部位是否膨大，可分為棒狀（一端膨大）／梭狀（中間膨大）。依芽孢有無分為無芽孢（大腸桿菌）和芽孢（枯草芽孢桿菌）。螺旋菌依照彎曲情形分為弧菌和螺菌。細菌在年輕及培養條件正常時，出現正常型態，出現不正常型態而如果條件變成適宜時，會回復正常型態。

　　細菌個體很小，球菌直徑在0.5～2微米，桿菌長度1～5微米，寬為0.5～1微米，幼齡比成熟或老年的細菌大很多。細菌的基本結構有細胞壁、細胞膜、細胞質、細胞核、中體等，細胞壁占細胞乾重的10～25%，具有固定菌體外型和保護菌體的作用。格蘭氏陽性菌細胞壁較厚約20～80奈米，陰性菌細胞壁較薄約10奈米。細胞膜厚度約7～8奈米，占細胞乾重的10%，它是有高度選擇性的半透性薄膜，控制營養物質和代謝物的進出，細胞膜與細胞壁及莢膜的合成有關。中體的成分與細胞膜相同，細胞膜以內除去細胞核均為細胞質，主要成分是蛋白質、核酸、脂類、水分、多醣類及無機鹽類，細菌的細胞核是一個不具核膜和核仁的核質體，主要成分是DNA。細菌的特殊結構有莢膜、鞭毛、芽孢等，莢膜是養料儲藏和廢物堆積的場所，鞭毛的翻動叫布朗運動，芽孢含水量很少有厚而密的壁，可耐熱及抵抗不良的環境，在環境條件適宜時會發展成新的個體，一個細菌只生成一個芽孢。

　　將細菌菌體接種到固體培養基表面會形成肉眼可見的菌落，一般細菌培養3～7天可觀察，斜面劃直線接種一般3～5天可觀察，液體一般培養1～3天觀察表面生長膜、環、混濁、沉澱、氣泡、顏色等，細菌一般進行無性繁殖，通過二分裂方式增加細胞的數目，依照三個步驟：第一步細胞核分裂，第二步形成橫隔壁，第三步是子細胞的分離。

　　食品中常見的的細菌有：醋酸桿菌屬（幼齡為格蘭氏陰性／老齡為陽性／無芽孢）、枯草桿菌屬（芽孢／需氧桿菌／腐敗菌）、乳酸細菌（球狀菌和桿狀菌／格蘭氏陽性／無芽孢）、短桿菌屬和棒桿菌屬（生產胺基酸和核苷酸）、假單胞菌屬（格蘭氏陰性／需氧／無芽孢／有鞭毛／汙染食品／分解脂肪及蛋白質能力）、無色桿菌屬（格蘭氏陰性／分解醣類產酸不產氣／禽肉海產變質）、產鹼桿菌屬（格蘭氏陰性／產生灰黃色素／乳品等變質）、梭狀芽孢桿菌屬（格蘭氏陽性／芽孢／厭氧／肉毒桿菌）、歐文氏菌屬（格蘭氏陰性／蔬果危害）、埃希氏桿菌屬和腸桿菌屬（格蘭氏陰性／大腸菌群）、小球菌屬和葡萄球菌屬（格蘭氏陽性／需氧／金黃色葡萄球菌）、明串珠菌屬（格蘭氏陽性）、變形菌屬（格蘭氏陰性）、沙門氏菌屬和志賀氏桿菌屬（格蘭氏陰性）等。

細菌

形態 ——— 球狀
桿狀
螺旋狀

重量
10^{-10}～10^{-9}毫克
幼齡比熟齡大 ——— 大小 ——— 球狀0.5～2微米
桿狀長1～5微米
寬0.5～1微米

基本結構 ——— 細胞壁／細胞膜／
細胞質／細胞核／
中體

特殊結構 ——— 莢膜／鞭毛／
芽孢

3～7天觀察
固體培養 ——— 菌落型態
觀察 ——— 斜面培養3～5天
液體培養1～3天

繁殖方式 ——— 二分裂繁殖

明串珠菌屬
變形菌屬
無色桿菌屬
產鹼桿菌屬
梭狀芽孢桿菌
歐文氏菌屬
沙門氏菌屬和志賀氏桿菌屬 ——— 食品中常見
菌種 ——— 小球菌屬和葡萄球菌屬
醋酸桿菌屬
枯草桿菌
乳酸細菌
短桿菌屬
假單胞菌屬
埃希氏桿菌屬和腸桿菌屬

2.2 放線菌

李明清

放線菌是單細胞有分枝的微生物，因為它的菌落呈現放射狀，所以叫作放線菌。它介於細菌與真菌之間，主要存在土壤中，放線菌大部分是腐生菌，少數是寄生菌，會引起動植物的病害：例如馬鈴薯的瘡痂病和動物的皮癬等，其最大的經濟價值是能生產多種的抗生素（包括鏈黴素、土黴素、金黴素、卡那黴素）、酶和維生素，在石油脫蠟及汙水處理上也有所作用。

放線菌菌體是由分枝狀菌絲組成，首先孢子在適宜的環境下吸收水分，膨脹發芽生出芽管1～3個，芽管伸長生出分枝，隨著分枝的增加，大量的分枝集結在一起形成菌絲體，菌絲約1微米。格蘭氏陽性，菌絲和孢子內沒有完整的核，由一團脫氧核醣核酸的小纖維構成，沒有核膜、核仁等。其菌絲分為基內菌絲、氣生菌絲、孢子菌絲等3種。基內菌絲生長在培養基內部及表面，有固定及吸收養分的作用，也叫作營養菌絲。氣生菌絲是由基內菌絲長出培養基外面，伸向空中的菌絲，氣生菌絲較基內菌絲粗兩倍以上，它可能蓋滿整個菌落表面，呈現絨毛、粉狀或顆粒狀。氣生菌絲的頂端就形成孢子菌絲，孢子菌絲的形狀有直狀、波曲狀、螺旋狀、輪生狀4種。這些形狀以及在氣生菌絲上的排列，會隨不同種類而異，而形成分類及鑑定的依據。

放線菌菌落是由菌絲體組成，其菌絲生長慢又互相交錯，所以菌落小質地密，表面乾燥多褶紋，基內菌絲生長在培養基內部，菌落與培養基緊密結合不容易挑起來，孢子常常產生各種色素，所以菌落會呈現黃、橙、紅、紫、藍、綠、灰、褐甚至黑色等不同色澤。

放線菌以無性方式繁殖，氣生菌絲發育到一定階段，部分的氣生菌絲上端會形成孢子菌絲，孢子菌絲成熟後以橫隔分裂的方式分化孢子。橫隔分裂有兩種方式：一種只出現單個內生物，長大後借助物質的自溶而斷裂；一種則是內生兩個內生物，共用一個載體長大後分離。

食品中常見的放線菌有生產葡萄糖異構酶的菌種——玫瑰紅放線菌336變異株能水解澱粉，用於果糖的生產，玫瑰暗黃放線菌及玫瑰黃放線菌也能生產此種酶，密蘇里游動放線菌是另一個可以生產此種酶的菌種。

食品中另一個常見的放線菌有合成維生素的菌種——慶大黴素生產菌，菌絲內會含有一定量的維生素B_{12}，加入硫酸酸化之後，維生素B_{12}析出然後回收精製，就可以得到B_{12}的產品。

另一個常見的放線菌是利用食品發酵下腳料的菌種，利用放線菌有分解有機物的能力，培養在發酵下腳廢料，培養出具有活性的飼料及抗生菌肥料，例如生產出畜用土黴素混入飼料中餵豬、雞，對於增長及防病有良好的作用。

小博士解說

放線菌是各種抗生素的生產菌種，根據統計由放線菌生產的抗生素約1700種以上，包括鏈黴素、土黴素、金黴素、卡那黴素等。

放線菌

| 菌落呈放射狀
介於細菌與真菌之間
腐生菌為主 | ——— 作用貢獻 ——— | 生產抗生素、酶、維生素
土壤是主要場所 |

| 1微米左右
沒有核膜
沒有核仁
沒有粒線體 | ——— 形態 ——— | 分枝狀菌絲
原核微生物
分為基內菌絲
氣生菌絲
孢子菌絲 |

| 正反兩面會
呈現不同色澤 | ——— 菌落 ——— | 呈現黃、橙、紅、紫、
藍、綠、灰、褐甚至黑色
等不同色澤。 |

| 孢子菌絲成熟
以橫隔分裂的方式
分化孢子 | ——— 繁殖方式 ——— | 氣生菌絲發育到一定階段
部分的氣生菌絲上端會形
成孢子菌絲 |

| 生產葡萄糖異構酶
合成維生素 | ——— 食品中
常見菌種
之利用 ——— | 利用發酵下腳料
生產抗生素 |

2.3 酵母菌

李明清

　　酵母菌是一群以單細胞爲主，以出芽爲主要繁殖方式的眞核微生物。在自然界中，酵母菌主要分布在含糖較高的偏酸環境當中，例如蔬果、花蜜中，以及果園、油田周圍的土壤中。酵母菌是人類利用較早的微生物，釀酒、饅頭、麵包、酒精、甘油、有機酸、維生素等生產都有它的蹤跡。酵母菌繁殖的速度比動物快2000倍，其蛋白質含有人類營養需要的8種胺基酸，酵母菌與調味食品工業關係密切，酵母菌會將糖轉化爲酒精與二氧化碳，少數酵母菌是食品工業的汙染菌，會在食品表面生成白花產生酸臭氣。

　　大多數酵母菌爲單細胞，有球形、橢圓形、蠟腸形、菌絲狀等。細胞大小一般寬度爲1～5微米，長度爲5～30微米，具有典型的細胞結構，最外層爲細胞壁，緊貼細胞壁爲細胞膜，膜內有細胞質及細胞核。幼年細胞的細胞質均勻，老年細胞的細胞質中會有各種顆粒出現，細胞核明顯而完整位於細胞中央，成年的細胞因爲液泡增加會擠成腎形。細胞核有核膜，核膜上有中心體，核中有核仁和染色體，細胞質內還含有粒線體，位在核膜和中心體表面，具有酶爲細胞的活動提供能源。

　　酵母菌的菌落表面濕潤黏稠，與細菌菌落相似，通常比細菌菌落大，其顏色單調多數呈乳白色，少數爲紅色或黑色，液體培養基中有的會產生沉澱。

　　繁殖方式分爲無性繁殖與有性繁殖，一般以無性繁殖爲主。有性繁殖會產生子囊孢子，有性繁殖叫眞酵母，無性繁殖叫假酵母。無性繁殖分爲芽殖及裂殖兩種，芽殖是酵母菌主要繁殖方式。母胞核的液泡先產生一小管，細胞表面形成一個突出體，小管進入突出體，母細胞核分裂成兩個子核，其中一個進入突出體，芽細胞長大到接近母細胞則收縮分離。裂殖則通過類似細菌的二等分裂方式進行繁殖。

　　眞酵母的有性繁殖是產生子囊孢子，子囊孢子的生成有不經兩性細胞的孤雌生殖及經過兩性酵母菌結合的有性結合兩種方式，不同的是有性結合是由兩個性別不同的單體接觸融合成兩倍體的核，而兩者都是在細胞內的細胞核先分裂成多個子核，每個子核形成小的子囊孢子，而原來母細胞的細胞壁成爲大的子囊，成熟後大的子囊破裂，放出裡面子囊孢子，如果環境適宜，各子囊孢子就可以發育成新的酵母菌細胞。

　　食品中常見的酵母菌有：啤酒酵母（啤酒、酒精、飲料酒、麵包）、葡萄汁酵母（棉子糖）、魯氏酵母（醬油）、球擬酵母屬（醬培後期）、接合酵母屬（醣類及其製品）、漢遜氏酵母屬（乙酸乙脂）、粉狀華赤氏酵母（調味發酵有害菌）、假絲酵母屬（維生素、石油蛋白）、德巴利酵母屬（肉、香腸、酒的腐敗）、擬內孢黴屬（澱粉酶）、克勒克酶母屬（酒的異味）、赤酵母屬（脂肪、類胡蘿蔔素）、白地黴（核苷酸）、酒香酵母屬（啤酒後發酵）、裂殖酵母屬（酒精發酵）。

小博士解說

　　酵母菌屬於真核微生物，有完整的細胞。

酵母菌

釀酒、饅頭、麵包、酒精、甘油、有機酸、維生素等	—— 作用貢獻 ——	含糖較高的偏酸環境 菌體含人體需要的8種胺基酸
球形、橢圓形、蠟腸形、菌絲狀 粒線體提供能源	—— 形態結構 ——	寬度為1～5微米 長度為5～30微米 細胞核有核膜
表面濕潤黏稠	—— 菌落特徵 ——	多數呈乳白色
無性繁殖 假酵母 芽殖及裂殖	—— 繁殖方式 ——	有性繁殖 真酵母 產生子囊孢子
啤酒酵母、葡萄汁酵母、接合酵母屬、德巴利酵母屬、假絲酵母屬、赤酵母屬、粉狀華赤氏酵母、酒香酵母屬	—— 食品中常見 ——	魯氏酵母、球擬酵母屬、漢遜氏酵母屬、擬內孢黴屬、白地黴、克勒克酵母屬、裂殖酵母屬

2.4 黴菌

李明清

　　黴菌爲絲狀眞菌的通稱，它在培養基上面都長成絨毛狀或棉絮狀，在自然界分布廣、種類多，約有5000種以上，與人類生活關係密切，在釀酒、製醬、生產抗菌素、大曲酒、檸檬酸、纖維素酶、糖化酶、赤黴素、食品著色劑等方面做出貢獻，在天氣溫暖空氣潮濕時，也會引起發霉質變的後果。

　　黴菌的基本組成爲菌絲，菌絲在顯微鏡之下成管狀，直徑約2～10微米。菌絲分成兩類：一種是沒有隔膜的長管狀，整個菌絲就是一個細胞，細胞內有許多細胞核（例如毛霉、根霉、梨頭霉等眞菌），這種菌絲在生長的過程中，只有細胞核的分裂和原生質的增加，並沒有細胞數目的增多。另一類菌絲則有隔膜，每一段隔膜間就是一個細胞，菌絲體是個多細胞的結構，每一個細胞中，含有多個細胞核，隔膜中間有孔相通，細胞質、細胞核及營養分可以互通，大多數的黴菌是由這一種有隔膜的菌絲所組成的（例如曲霉、青霉、擔子菌中的木耳）。菌絲可以分化成特殊的結構，在固體培養基上一部分菌絲進入培養基，吸取營養，叫作營養菌絲，也叫作基內菌絲，另一部分在培養基表面長出來，伸入空氣中，叫作氣生菌絲，它發育到一定階段會分化成無性的孢子，或者有性的子囊孢子。在液體培養基中，則沒有氣生菌絲及基內菌絲的分化。黴菌菌絲細胞都由細胞壁、細胞膜、細胞質、細胞核和其他內含物所組成，細胞壁占乾重2～26%，細胞核直徑約0.7～3微米。

　　黴菌的菌落是由一個分生孢子或一個子囊孢子在營養基質上發芽生長繁殖後形成的菌絲構成的，其菌絲比放線菌粗，所以形成的菌落也比放線菌大而且疏鬆成絨毛狀。因爲黴菌的各種分生孢子都有一定的形狀和顏色，所以最後會形成具有不同顏色的菌落，營養菌絲有時會分泌不同的水溶性色素到培養基中，所以菌落背面有時也會有不同的顏色。

　　黴菌繁殖能力強方式多樣，可以由菌絲頂端延伸，也可以由菌絲斷片重新長出。無性繁殖是黴菌主要的繁殖方式，其產生的孢子叫作無性孢子，無性孢子有：芽孢子、節孢子（隔膜處斷裂形成）、厚恒孢子（細胞壁加厚）、孢子囊孢子、分生孢子。有性繁殖是經過不同性別的細胞結合（質配及核配）後產生一定形態的孢子，叫作有性孢子，第一階段質配，第二階段核配（兩倍體的核），第三階段減數分裂（恢復單倍核），有性孢子有：卵孢子、接合孢子、子囊孢子、擔孢子。

　　食品中常見的黴菌有：交鏈孢屬（腐生菌、使蔬果變質）、曲霉屬（醬油、醬類、酒精、酶制劑、有機酸等應用、黃曲毒素。主要品種：米曲霉、黃曲霉、黑曲霉）、毛霉屬（分解蛋白質、腐乳）、根霉屬（糖化酶）、青霉屬（發霉變質／青黴素／有機酸）、葡萄孢屬（蔬果腐敗）、鐮孢霉屬（穀物蔬果霉變、鐮刀菌中毒）、鏈孢霉屬（玉米發霉、蛋白酶）、側孢霉屬（冷藏肉的白斑）。

小博士解說

　　黴菌在自然界分布廣、種類多，約有5000種以上，在天氣溫暖空氣潮濕時，容易引起發霉質變的後果。

黴菌

在釀酒、製醬、生產抗菌素 ——— 作用貢獻 ——— 糖化酶、赤黴素、
大曲酒、檸檬酸、纖維素酶　　　　　　　　　　　食品著色劑
　　　　　　　　　　　　　　　　　　　　　　　發霉質變

沒有隔膜的長管 ——————— 形態結構 ——— 菌絲有隔膜
毛霉、根霉、梨頭霉　　　　　　　　　　　　　隔膜間就是一個細胞
　　　　　　　　　　　　　　　　　　　　　　曲霉、青霉

比放線菌大 ————————— 菌落特徵 ——— 不同顏色的菌落
疏鬆成絨毛狀

方式多樣 —————————— 繁殖方式 ——— 有性孢子
無性孢子　　　　　　　　　　　　　　　　　　第一階段：質配
芽孢子、節孢子、厚恒孢　　　　　　　　　　　第二階段：核配
子、孢子囊孢子、分生孢子　　　　　　　　　　第三階段：減數分裂

交鏈孢屬、曲霉屬、 ————— 食品中常見 ——— 毛霉屬、根霉屬、鐮孢霉
青霉屬、葡萄孢屬、　　　　　　　　　　　　　屬、側孢霉屬
鏈孢霉屬

2.5 病毒

李明清

　　病毒是生物中最小的生物，與其他所有生物不同，它沒有細胞壁、細胞膜和核糖體等完整細胞結構，因此也有人稱呼病毒爲非細胞生物。

　　病毒由蛋白質及核酸構成，一般細菌會含有DNA及RNA兩種核酸，而病毒的特點是只會含有一種核酸，也不含有酵素，因此無法獨立生活，不能在人工培養基上面生長，只能在特定活的宿主細胞內進行複製及繁殖。它個體很小約爲細菌的1/10，只有在電子顯微鏡上才能看到它，病毒的大小由20奈米到250奈米，平均約爲150奈米，它有四種形狀：桿形、球形、磚形及蝌斗形，桿形多在植物病毒出現，動物病毒多球形，蝌斗形爲微生物的噬菌體的形態。

　　病毒不是行細菌那樣的二分裂繁殖，而是感染細胞之後接管宿主細胞內的指揮權，使之按照病毒的遺傳特性合成病毒自己的核酸和蛋白質，然後成爲新的病毒粒子。根據宿主的不同可以分爲動物病毒、植物病毒及微生物病毒（噬菌體）。噬菌體和發酵工業關係密切，它會造成生產菌的裂解，以致發酵發生倒罐事件損失嚴重，甚至於發生停工，是味精工業最慘重的事件。

　　噬菌體有三種形狀：蝌斗形、微球形及緯線形，絕大多數是蝌斗形。菌體分爲頭、頸、尾，頭部呈圓形或多角形，尾部的尾鞘附有六邊形的基片及尾絲。噬菌體只能在活的細胞中生長繁殖，它感染微生物之後，一種是在寄主的細胞內繁殖叫作烈性噬菌體，另一種是不繁殖潛伏在寄主的細胞內，這種狀態叫作溶源狀態，這種菌體叫作溶源噬菌體。

　　噬菌體首先要能吸附在寄主細胞壁的受點上面，吸附時，噬菌體尾部末端的尾絲先散開並且固定在受點上面，這種吸附現象具有高度的特異性，某種噬菌體只能吸附在某種微生物的細胞上，吸附不僅與細胞壁的受點結構和噬菌體尾部吸附器官結構有關，並且受環境溫度、pH、離子的影響，例如鈣、鎂、鉀、鈉等陽離子，能促進吸附，而抗菌素、有機酸、表面活性劑等則會阻礙吸附。

　　噬菌體吸附完成後，尾部的溶菌酵素會把受點細胞壁的內層水解成一個小孔，然後尾鞘收縮露出尾髓，並且伸入寄主細胞，將頭部的DNA注射入寄主細胞內，留下的蛋白質外殼不久即消失。當噬菌體侵入後，寄主細胞的代謝活動隨之異常，噬菌體的DNA進入細胞之後，立即散開不見，並且迅速支配寄主細胞的代謝作用，利用細胞降解及營養，大量複製子代噬菌體所需的蛋白質和DNA。

　　噬菌體的DNA充滿細胞中，DNA大分子會聚縮成多角體，頭部的蛋白質會將DNA聚縮體包起來，成爲新的噬菌體的頭部，然後頭部與尾部互相結合，形成完整的新噬菌體，從DNA進入到形成新的噬菌體叫作潛伏期。

　　潛伏期的後期，溶菌酵素增加使寄主細胞裂解，把大量的子代噬菌體釋放，每一個細胞約可釋放大約150個新的噬菌體。

小博士解說

　　繁殖所需的時間，依照噬菌體種類、培養基養分及溫度等條件的不同，最短10分鐘，最長可達5小時以上。

病毒

只一種核酸和蛋白質	—— 病毒特點 ——	無法獨立生活
為細菌的1/10	—— 大小型態 ——	桿形、球形、磚形及蝌斗形
接管宿主細胞內的指揮權	—— 繁殖方式 ——	動物病毒、植物病毒、及微生物病毒（噬菌體）
蝌斗形、微球形、及縲線形	—— 噬菌體形狀 ——	菌體分為頭、頸、尾
尾絲先散開並且固定在受點上面	—— 吸附 ——	受點結構 菌體尾部結構
菌體尾部溶菌酵素水解成一個小孔	—— 侵入 ——	DNA注射入寄主細胞內
DNA支配寄主細胞的代謝作用	—— 增殖 ——	複製子代噬菌體所需的蛋白質和DNA
DNA大分子聚縮成多角體	—— 成熟 ——	蛋白質會將DNA包起來與尾部互相結合成為新噬菌體
溶菌酵素使寄主細胞裂解	—— 釋放 ——	150個新的噬菌體

✚ 知識補充站

COVID-19是2019年中國武漢開始流行的冠狀病毒，屬於動物病毒的一種：

1. 球型、表面有像皇冠的棘蛋白，可以讓病毒與人體細胞上的ACE2受體結合而進入人體細胞。
2. 為了控制流行傳染，全世界首次研發mRNA疫苗使用，有莫德納及輝瑞BNT兩種，而最先推出的牛津AZ疫苗，是屬於DNA疫苗。

第3章
微生物的生理

3.1 微生物的構造

邵隆志

（一）分類

1. 原核微生物（細菌）：有細胞壁細胞膜，細胞質中沒有細胞核，一條環狀DNA纏繞聚集成擬核（無核膜），沒有胞器，生理活動都在細胞質進行。
2. 眞核微生物（眞菌、黴菌、酵母菌）：有細胞核及含膜的胞器。

（二）構造說明

1. 原核生物及真核微生物的共有部分

(1)細胞壁：①細菌：A.革蘭氏陰性菌，主成分磷脂質，上層附有脂多糖（LPS）。B.革蘭氏陽性菌，主成分肽聚糖。②真核微生物：黴菌幾丁質爲主。③酵母菌內層葡聚醣爲主、真菌殼多醣爲主。

(2)細胞膜：磷脂雙層爲主，上有通道蛋白，控制物質進出。

(3)細胞質：爲含有水、酵素、養分、核酸等形成透明膠狀物質。

(4)核糖體：合成蛋白質，m-RNA附著於核糖體，t-RNA攜來胺基酸，在此排列組合成蛋白質。

2. 真核微生物才有的胞器（有胞器膜）：

(1)細胞核：有核膜，內含DNA，以組織蛋白質架成梯形，再纏繞組成染色體。

(2)內質網：大量核糖體附著在上面，核糖體所製造的蛋白質，在此摺疊成應有的結構，形成消化酶、膜蛋白等等，並組合成菌體所需的材料。

(3)高基氏體：負責收集內質網小泡所送來的養分物質及使蛋白類產生脂化、醣化、磷酸化等加工修飾。再送給囊泡，並附上標記之後運到菌體內之目的部位。

(4)囊泡：高基氏體送來水解酵素及菌體重要成分，囊泡附上標記後，送到不同場所。

(5)粒線體：雙層膜胞器，外形顆粒狀。在細胞質內葡萄糖行「糖酵解」，分解成丙酮酸。丙酮酸進入到粒線體內部，進行「有氧呼吸」，分解成CO_2及H^+。H^+需送到內層成皺褶處，之電子載體蛋白，才能將H^+氧化產生H_2O及能量（細菌無粒線體於細胞質行無氧呼吸及產出CO_2，H^+則需在細胞膜所附的電子載體蛋白產生能量並氧化成水）。

(6)液泡：含大量的水，儲存醣類、蛋白質、有毒代謝物及暫時不用的營養物質。

(7)溶體：單層膜胞器，含有數十種從高基氏體送來的水解酶，對老舊、損壞的胞器及外來物質進行分解再利用。

小博士解說

細菌體表抗原：O、K、H爲主，大腸桿菌如O157：H7株爲致病性大腸桿菌
1. O抗原：細胞壁上的LPS，超過180種。
2. H抗原：鞭毛抗原，超過60種。
3. K抗原：莢膜多醣，有100多。

原核微生物與真核微生物菌體構造比較表：

名稱	原核微生物（細菌）	真核微生物 （黴菌、酵母菌）
細胞壁	G（−）上層為磷脂分子雙層，下層薄的肽聚糖 G（＋）主成分肽聚糖	黴菌：幾丁質 酵母菌：內層葡聚醣、外層甘露聚醣以及中間夾層蛋白層。
細胞膜	脂雙層，區隔細胞內外，控制物質進出。	（同左）
細胞核	DNA，纏繞聚成擬核核區，外面無核膜。	內有染色體及核仁，具有絲分裂。
核仁	無	細胞核內之核仁，製造核糖體。
核醣體	有	有
細胞質	擬核、核糖體、酵素及其他物質。	含細胞核、粒線體、內質網、囊泡、高基氏體等胞器（見內文）。
莢膜	細菌在細胞膜形成層莢膜，具附著作用。	無
質體	細菌游離DNA與細菌抗藥性有關	無
染色體	無（只有一股DNA）。	DNA纏繞而成為染色（質）體。
鞭毛	某些細菌菌体上由flagellin（鞭毛蛋白）組成，由細胞膜長出。	無
粒線體	無（在細胞質呼吸產生CO_2、細胞膜附戴體蛋白行H^+氧化產生水）。	分解產生CO_2，H^+在粒線體內膜戴體蛋白，氧化產生水及能量。

微生物構造：原核微生物（細菌）、真核生微生物（酵母菌）

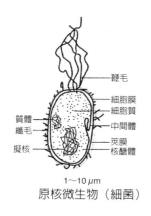

1～10 μm
原核微生物（細菌）

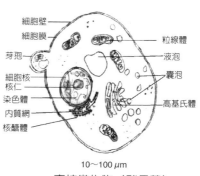

10～100 μm
真核微生物（酵母菌）

✚ 知識補充站

火山菌（極端嗜熱菌）：海床的溫度103℃，菌體不會失活性，並進行正常代謝生長的原因：
1. 脂類：直鏈飽和脂肪酸較多的疏水鍵。細胞膜由雙層類脂以共價交聯，並保持了完整。
2. DNA：遺傳密碼DNA（A、T、C、G）G−C含量高，DNA分子的解鏈溫度也越高。
3. 蛋白質穩定：在蛋白質一級結構的胺基酸改變，使菌內蛋白質對熱穩定。

3.2 微生物生長曲線

邵隆志

　　菌體來到新的培養基，爲了調適的生長環境，要經過一段時間，才開始生快速生長發育。細菌在同一培養基，外在因子穩定情況下，生長時間（X軸）與菌體量（Y軸）做圖，可得到生長曲線（growth curve）。分成四個階段：(1)遲滯期(2)對數期(3)靜止期(4)死滅期。

1. 遲滯期（lag phase）

　　定量的微生物換到另一適合環境時菌數少，並不立即大量分裂繁殖，需適應新的營養物及新的環境，例如：酶的活性特性調節，與外界環境的互動平衡等等。較多體積小的微生物，要等到菌內遺傳物質、核糖體等增生之後，就能準備進行大量分裂。此期菌體增加有限與死亡菌體數目相當，因此菌體數目沒有明顯的增加。

2. 對數期（log phase）

　　養分充足及環境適合的情況下，菌體也已調節好內部生理，代謝旺盛、菌數開始以對數值快速繁殖。生長在一致條件的情況下，繁殖累積的菌數量平穩，依對數值呈一直線值上升。最後因營養消耗及代謝物累積增加，因菌體對外在環境的敏感性高，生長減緩。

3. 靜止期 （stationary phase）

　　養分漸漸被消耗，又因菌體的代謝產物累積，使環境變差，對生長及繁殖變慢。新增的菌數與死亡的菌數相當，代謝緩慢，菌數成長數目漸漸停止，使菌數在曲線對X軸成一直線。此時菌體，開始貯存醣類、脂類及蛋白類等有機複合物質或次級代謝產物（非菌體生長必需的物質），如：抗生素、青黴素、藥品、毒素、色素。末期細菌數會稍微減少，有些細菌開始形成孢子（等待環境適合時就會開始萌芽）。

4. 死滅期（death phase）

　　菌數呈下降趨勢，因不利的代謝物累積再加重，造成菌體不利的環境加劇，產生毒性，因此使菌體漸趨老化死亡。

　　總結：在工業發酵上爲了經濟考量，爲取得目標產物（初級或次級代謝產物）。因此選擇代謝良好的菌種、調整適宜的培養基、以及取得適當的培養條件。使用良好的製程，變成重要的條件。生產用菌種一定要常常篩選，才能選出及保持生長良好的菌株。

小博士解說

　　一般對數生長時間：大腸桿菌（Escherichia coli）世代時間約20分鐘、金黃色葡萄球菌（Staphylococcus aureus）世代時間約20分鐘，嗜酸乳桿菌（Lactobacillus acidophilas）約80分鐘，乳酸鏈球菌（Streptococcus lactie）約40分鐘，因每一菌種及外在因子的不同，使世代時間各有不同。

生長階段各期之特性說明

生長階段	特性
遲滯期	1. 剛移到新培養基中。 2. 菌數無顯著變化。 3. 適應新環境，進行生理生化調節及增加生長及繁殖時所需物質，使重量增加，準備進行快速繁殖。
對數期	1. 養分量亦很充足，外在環境良好，代謝活暢，細菌分裂及代謝物產生穩定且快速增加。而在外在因子一致下，世代分裂平穩，使菌數在對數期能成一直線上升。 2. 代謝產物之生成，依菌種、培養基與生長條件而異。
靜止期	1. 養分漸漸被消耗及累積的代謝產物濃度增加，使外在條件漸差，菌體死亡與分裂相當。細菌數量達最高峰。 2. 此時菌體在前期累積代謝產物，開始貯存成醣類、脂類及蛋白類等物質。 3. 細菌生長緩慢，生長到末期，菌數緩慢下降。 4. 此期菌體次級代謝產物的生成明顯。
死亡期	1. 菌體代謝物堆積產生毒性，細菌自我中毒。 2. 漸趨死亡。

細菌生長曲線圖

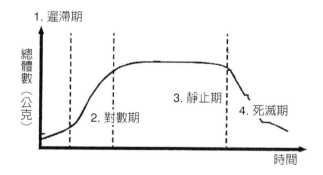

✛ 知識補充站

一級代謝物：為維持生物生命的代謝物，使菌體正常生長、發育、繁殖及建構菌體的有機物。代謝物質，如參與生理活動的酵素、蘋果酸、檸檬酸、胺基酸、醣、脂質、蛋白質複合物、核苷酸、脂蛋白等。

次級代謝物：常被限定在生物體製造缺少時，不對生命有立即影響的有機物。如：胞外多醣、抗生素、青黴素、鏈黴素、四環素、花青素、毒素等大都在靜止期產生。

3.3 微生物代謝 —— 分解反應

邵隆志

（一）前言

代謝是生物體進行生化學反應來維持生命。分兩種：

1. 分解反應：有機聚合物，分解成為小分子物質，釋放能量貯存於NADH、ATP

　　NAD^+ + 能量 → NADH；ADP + Pi + 能量 → ATP

（二）分解反應：（ATP產出，參見3.5章酵素附表）

1. 葡萄糖分解

葡萄糖分解為重要代謝路徑的典型例子，糖酵解（無氧呼吸）+ 檸檬酸循環（有氧呼吸），$C_6H_{12}O_6$ + $6O_2$ + 36～38ADP + 36～38P_i → $6CO_2$ + $6H_2O$ + 36～38ATP。如圖式

(1)糖酵解：分解成丙酮酸，在細胞質內進行，由多種酶共同完成。

　① 葡萄糖先耗掉2個 ATP ：釋出二個磷，合成果糖1，6二磷酸鹽（6個C）

　② 果糖1，6二磷酸鹽，再分解成2個甘油醛3-磷酸鹽（6個C），最後轉成2個丙酮酸鹽（3個C）及2個 NADH

(2)有氧呼吸（粒線體內進行）：

　① 乙醯形成：2丙酮酸鹽（3C）→ 2乙醯CoA（2C）+ 2CO₂ + 2 NADH

　② 檸檬酸循環：（2個乙醯CoA進行2次檸檬酸循環）

　　a. 檸檬酸鹽合成：乙醯CoA（2C）+ 醋酸鹽（4C）→ 檸檬酸鹽（6C）+ CoA

　　b. 檸檬酸鹽（6C）→ 醋酸鹽（4C）+ 2CO₂ + 3 NADH + $FADH_2$ + GTP（或ATP）

　③ 電子傳遞鏈：（*糖酵解所生產的2NADH能量傳入粒線體中FAD → $FADH_2$）

　　a. 10NADH及2$FADH_2$到內膜的電子載體蛋白，釋放$12H^+$及$12e^-$。

　　b. $12e^-$將$12H^+$打到膜間腔（膜間隙），e^-則傳遞給「輔酶Q」

　　c. $12H^+$釋回基質時，電荷差將ADP + P_i → ATP（能量貯存）

　　d. $12e^-$隨著回到基質產生水：$12H^+$ + $12e^-$ +$3O_2$ → $6H_2O$

2. 蛋白質分解

(1)蛋白質需先水解成胺基酸，再進行分解。胺基酸經脫氨基作用後，成為碳鏈骨架。經轉換及分解，最後進入糖代謝途徑。

(2)糖酵解及檸檬酸循環（TCA）：因胺基酸的結構不同，進入糖代謝途徑的入口也所不同（大致循3.4合成圖），最終產生CO_2及H_2O及能量。

3. 脂肪分解

脂肪為甘油（3-磷酸甘油），可以接上1～3個脂肪酸鏈（脂肪酸末端為-CH=O-H）。

(1)甘油：3-磷酸甘油磷酸二羥丙酮酸→糖酵解反應。

(2)脂肪酸：

　① β-氧化是R- CH₂-CH₂-CH₂-COOH （脂肪酸）加 CoA SH （輔酶A）去除2C形成 乙醯-CoA ，直到完全產生 乙醯-CoA 。

　②16個碳脂肪酸，行7次β氧化。

　③ 乙醯-CoA 在粒線體產生CO_2、H_2O、ATP。

小博士解說

一般細菌的「無氧呼吸」分解反應，是在細胞質中行糖解作用，但細胞質若有氧，只是氧不參與代謝途徑。這一點和厭氧菌，不使用氧來作分解代謝有所區隔。

糖酵解（無氧呼吸）與檸檬酸循環（有氧呼吸）路徑圖

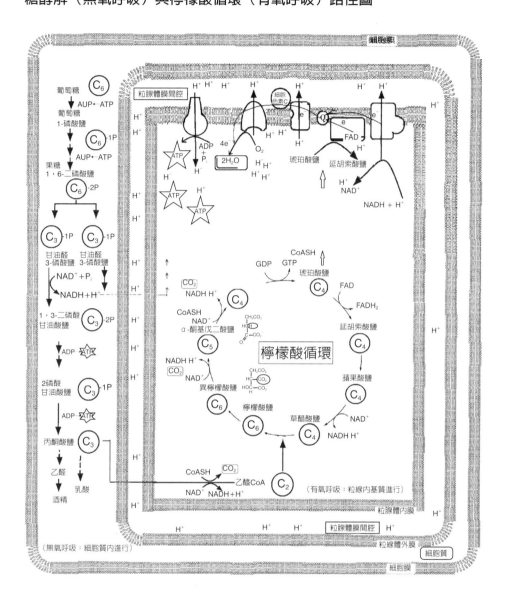

＋ 知識補充站

CoQ10：

在粒線體內膜上，當NADH、 FADH$_2$釋放出H$^+$及電子，將H$^+$則打到膜間腔後，電子傳遞到接受者輔酶Q（CoQ），在人體為CoQ10，提供心臟收縮、免疫系統、新陳代謝、具有降血壓作用及減少自由基對人體傷害。

3.4 微生物代謝 ── 生化合成
邵隆志

　　生物體中四價的碳組合成長鏈有機物的骨架，以碳爲中心複合形成具有生化活性的特殊大分子有機聚合物，建構成生命該有的有機物。菌體的生理活動主要在細胞質的水中進行，有機物因極性、共價鏈、離子鏈、氫鏈、凡得瓦力，產生交互作用，使生命產生活動力。

（一）蛋白質合成
　　蛋白質在生命中扮演重要的角色，蛋白質則由胺基酸組合而成。

1. 胺基酸
　　(1)胺基酸合成路徑，在醣酵解過程及檸檬酸循環過程，產出胺基酸基礎的碳骨架，在轉胺作用前後由其他酵素將其他碳氫有機物，生合成各種胺基酸。

　　(2)胺基酸共20種參與生化反應，如圖：①甘胺酸②胺基丙酸、纈胺酸、白胺酸、異白胺酸③苯丙胺酸、酪胺酸、色胺酸④天門冬胺酸鹽、麩胺酸鹽、天門冬醯胺、麩醯胺酸⑤離胺酸、精胺酸、組織胺酸（嬰兒）⑥絲胺酸、息寧胺酸⑦甲硫胺酸、半胱胺酸⑧脯胺酸。*底線（＿＿＿）在人體爲必需胺基酸

2. 蛋白質的組成
　　由DNA（dA、dT、dC、dG：打開有義意的基因片段，依序轉錄成mRNA（U、A、G、C），mRNA去結合在核醣體上。再由tRNA（胺基酸運輸者），去攜帶各自的胺基酸，依密碼序列附著在mRNA，排列成蛋白質片段。核醣體並非單一存在，需多個核醣體聯合，鍵結成巨大蛋白質分子。

　　因菌體需要，有一級結構、二、三、四級結構。再延伸物如：通道蛋白、酶類、膠原蛋白等生命體所需原料。

（二）脂質的合成
　　脂肪的合成是受到脂肪酸合成酶的催化，由兩個相同的胜肽鏈（酵素）成一體，（由輔酶A協助）一次合成二個碳，如棕櫚酸（16碳）是7次反應而成。

　　因生命需求碳鏈的個數也會不同。加上官能基使脂類有不同組合，有：甘油酯（甘油加脂肪酸形成三甘油酯、雙甘油酯或單甘油脂）、磷脂、醣脂質、脂蛋白類等。

（三）醣類的形成
　　醣類分爲單醣、雙醣及多醣類，單醣類有半乳糖、核糖、去氧核糖、醇糖。雙糖類則有乳糖、麥芽糖。多醣類：纖維、澱粉、肝醣。醣類延生物：醣蛋白、黏多糖、肽聚糖（細菌的細胞壁）、葡萄聚糖（酵母菌的細胞壁）、玻尿酸（醣醛酸）、葡萄糖胺（glucosamine）等。各醣類可以單獨或與其他聚合物生合成特殊成分。

小博士 解說

　　生命是分解代謝可將大的分子進行分解獲得能量；合成代謝需要能量來合成有意義的有機物，組成生命體各種組成。分解、合成不斷進行，物質和能量不斷的交換，一旦物質和能量交換停止，生命體的生命就會結束。

生化合成路徑示意圖

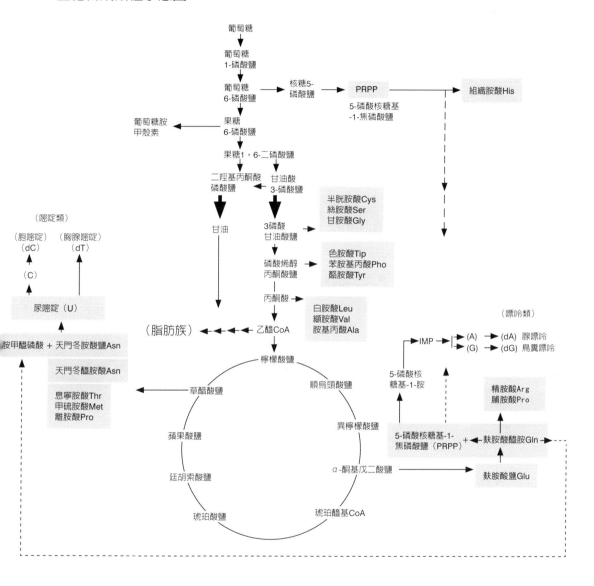

＋知識補充站

麩胺酸鈉鹽（味精）是胺基酸的一種，生物中葡萄糖代謝之檸檬酸循環，α－酮基戊二酸所代謝出來。 目前味精工廠生產由味精菌種，依此路徑所合成。在往下路徑合成嘌呤類核苷酸（IMP呈雞肉鮮味、GMP呈香菇鮮味）其附著在味精上形成高鮮味精。

3.5 酵素

邵隆志

　　酵素（酶）為一種有活性的特殊蛋白質組合物，具催化作用。能使菌體在低能狀況下，有機物做快速的分解及合成等生化反應。因菌體有不同的生理特性，所含的酶也有不同。相同菌體在不同營養及外在環境，酵素活性、酵素反應途徑也有所不同。

1. **連續性**：為完成一種生理現象，需要有一串的酶反應來完成他的需求，如：糖分解、蛋白質合成等，都有非常多種酶，循一定代謝途徑由複雜的調控依序進行，底物（反應物）：經酶作用完後的產物，交給下一個酶繼續進行反應。無論如何，每種酵素反應都要達到化學平衡（物質不滅）。當代謝途徑啟用後，代謝途徑中的所有反應會同時進行，最明顯的例子是「檸檬酸循環」途徑，會不停的進行循環反應。

2. **專一性**：每一種底物（被酶作用的有機物）結構不同，鍵結特性也不同，酶表面的構圖和底物的反應部位的構圖要一致，電荷及親、疏水性都必需要有一致性，才能進行反應。因活化部位的特點，一次只能由一特定的酶接受一種特定的有機物，來產生新的產物。

3. **周轉性**：酵素是一種緊密且結構特殊的蛋白質結構，因此不容易在進行催化反應中改變。代謝反應完成後，酵素抽離，繼續下一次的反應。

4. **敏感性**：酵素是一種活性蛋白質。其微生物生理對溫度、pH及環境因子都有最適範圍。當外在因素變壞，酵素會降低活性，超過極限會失去或暫時停止活性。

5. **系統性**：每一種代謝途徑，酵素依反應途徑都要進行到目標產物，中間缺一種酶或成分（有機物及無機物）反應就會全面中止。

6. **抑制性**：
   (1) 原子量高的重金屬可使蛋白質變性，酵素需要原子量較低的重金屬，例如 Mn^{2+}、Cu^{2+}。而原子量高的鉛、汞、鎘、砷等會與酵素結合而失去活性。
   (2) 青黴素：青黴素抑制革蘭氏陽性菌（外毒素的細菌）的胜肽聚醣酶，使細胞壁合成胜肽聚醣受阻，因滲透壓而脹破。動物細胞無細胞壁，可用來殺死病菌。

7. **保護性**：菌體內酵素合成時沒有活性者稱為酶原，是活性酶的前身，避免被其他酵素作用，當遇到酶原激活因素時會改變構造，使酶原轉變為有活性的酶。

8. **被協助性**：酵素為蛋白質延伸物，催化過程常要結合非蛋白質的輔助因子協助，才發揮活性。輔助因子可分：
   (1) 輔酶：維生素B_3（NAD^+、$NADP^+$與$NADPH$）、TPP（B_1）、輔酶A（CoASH：B_5–泛酸）、FAD（B_2）等。ATP則非維生素。
   　　輔酶如：丙酮酸（粒線體內）+ CoASH → 乙醯CoA + 草醋酸 → 檸檬酸 + CoASH （幫助草醋酸形成檸檬酸，（CoASH 本身並不直接參與代謝反應）
   (2) 必需金屬離子：Mg^{2+}、Fe^{2+}、Mn^{2+}、Cu^{2+}。

小博士解說

以微生物代謝途徑來分解出我們要的產物如檸檬酸、蘋果酸、酒精、乳酸。以上葡萄糖代謝途徑並非唯一的途徑，食品工業上可使用不同微生物，不同的代謝途徑來取得相同的產物。

葡萄糖糖酵解及檸檬酸循環反應式、酵素、輔助因子及ATP產出

區域	碳數	能量貯存	ATP產出	反應式	酵素	輔助因子
細胞質	C6	ADP	-1	葡萄糖 + $\boxed{ATP}$ → 葡萄糖6-磷酸鹽 + ADP	六碳糖激酶 (-kinse)	ATP Mg^{2+}
	C6	ADP	-1	果糖6-磷酸鹽 + $\boxed{ATP}$ → 果糖1,6-二磷酸鹽 + ADP	磷酸果糖激酶 (-kinse)	ATP Mg^{2+}
	6C→ 2×C3			果糖_1,6-_二磷酸鹽→→2×甘油醛3-磷酸鹽	醛縮酶 (aldose)	
	2×C3	+2 NADH	+4 ~6	甘油醛3-磷酸鹽 + NAD^+→ 1,3-二磷酸甘油酸鹽 + $\boxed{NADH}$	甘油醛3-磷酸鹽去氫酶 (-dehydrogenase)	NAD^+
	2×C3	+2 ATP	+2	1,3-二磷酸甘油酸鹽 + ADP→3-磷酸甘油酸鹽 + $\boxed{ATP}$	磷酸甘油酸鹽激酶 (-kinse)	ADP Mg^{2+}
	2×C3 ADP	+2 ATP	+2	磷酸烯醇丙酮酸鹽 + ADP→丙酮酸 + $\boxed{ATP}$	丙酮酸鹽激酶 (-kinse)	ADP Mg^{2+}
粒線體（檸檬酸循環）	2×C2	+2 NADH	+6	丙酮酸+CoASH+ NAD^+→乙醯CoA (CH3CO-S-CoA) + $\boxed{NADH}$ + CO_2	丙酮酸去氫酶 (-dehydrogenase)	CoA.NAD^+.Mg^{2+}.Lipoic.TPP .FDA
	2×C6			*乙醯CoA + 草醋酸鹽→檸檬酸鹽 +CoASH+ H^+	檸檬酸合成酶 (-synthetase)	CoASH
	2×C5	+2 NADH	+6	異檸檬酸鹽+NAD^+→ α-酮基戊二酸鹽+ $\boxed{NADH}$ + CO_2	異檸檬酸鹽去氫酶 (-dehydrogenase)	NAD^+
	2×C4	+2 NADH	+6	α-酮基戊二酸鹽+NAD^++CoA→琥珀醯基CoA + $\boxed{NADH}$ + CO_2	α-酮基戊二酸鹽去氫酶 (-dehydrogenase)	CoA.FDA.Mg^{2+}.LipoicTPP.NAD^+
	2×C4	+2 GTP	+2	琥珀醯基CoA+GDP+Pi→琥珀酸鹽+CoASH + $\boxed{GTP}$	琥珀醯基CoA合成酶 (-synthetase)	CoASH、GDP^+
	2×C4	+2 $FADH_2$	+4	琥珀酸鹽 + FAD → 延胡索酸鹽 + $\boxed{FADH_2}$	琥珀酸鹽去氫酶 (-dehydrogenase)	FAD
	2×C4	+2 NADH	+6	蘋果酸鹽+NAD^+→草醋酸鹽+ $\boxed{NADH}$	蘋果酸去氫酶 (-dehydrogenase)	NAD^+

ATP合計 36~38 ATP（NADH以3個ATP ；$FADH_2$以2個ATP計算）

*最近用 NADH以2.5個ATP ；$FADH_2$以1.5個ATP計算共產生30~32個ATP

✚ 知識補充站

　　螢光素酶，由ATP轉化成ADP放能量，激發螢光素產生螢光，如螢火蟲發光。螢光素的螢光素酶不是特定的分子，可藉由基因工程將螢光素酶基因轉殖方式，轉給的生物會產生不同螢光，如：觀賞魚的多樣性。

3.6 食品微生物利用

邵隆志

微生物在特定的環境，選擇所需要的營養源，利用菌體的酵素進行生合成反應及分解反應，得到目標產物，稱為發酵。其產物可能為：發酵食品、微生物菌體本身或其代謝產物（發酵乳、益生菌、水果醋）。而所謂工業發酵就是以現代發酵工程，利用適合的菌種、原料、製程，大量生產有經濟價值的發酵產品。

1. 傳統發酵食品

發酵食品年代久遠，以生鮮食材為原料，經微生物發酵，製做發酵乳、豆腐乳、豆豉、酸菜、泡菜、納豆等食品，為食物保存及食品多樣化做出貢獻。另外所謂釀造法，使用不同食品、菌種及製程，因食材所含醣、蛋白質、脂肪的不同，會有不同發酵代謝途徑，最終取得所要的代謝產物，如：酒、醋、醬油，都屬於調味品及嗜好性食品。因產地及食材不同又再分為：葡萄酒、紅露酒、威士忌、清酒、白蘭地、伏特加等酒及不同水果釀造的醋。

傳統食品使用工業化生產，可大量製造，因微生物知識的進步，及對生產衛生及調控管理的得當，使品質能保持一致性並防止發酵失敗以提高產品利益。

2. 發酵工程

(1)菌體生產：單細胞蛋白（SCP），以分裂繁殖來獲得菌體，可以為決解世界糧食短缺問題。酵母菌含有豐富蛋白質、維生素，以工廠規模設備大量生產，做為食品及飼料用（而其中使用在製做麵包、糕點及釀酒的酵母菌，工廠規模化生產，已行之多年）。因醫學生技的進步，發現綠藻、引藻、螺旋藻等，除含有蛋白質、礦物質外另有抗氧化、提高免疫力之功效，其產品有很高的健康評價。

(2)食品生技發酵工程：米類以紅麴黴菌發酵製成的紅麴，黃豆製成的納豆激酶，以及用工業發酵培養靈芝、牛樟芝等健康食品。

(3)酵素工業：因對菌體的代謝途徑的了解及工程的嚴密控制，使酵素有效大量生產，以水解酵素為最大宗。水解酵素用在工業洗衣分解蛋白質、脂肪、醣類。食品主要為醣類水解酶及轉化酶，將澱粉水解成單糖、寡糖，轉化成果糖及高果糖糖漿為大宗。

(4)微生物發酵工程：使用適當菌種、培養基及製程設備，調控微生物代謝，得到目標產物，如味精、核苷酸、酒精、醋酸、乳酸、胺基酸、維生素、及抗生素、藥品等等。

小博士解說

1. 批次培養：一般是在使用發酵桶進行每批一次的培養來得到產物。
2. 連續式培養：是批次培養到某一階段，以固定速度放出培養液，同時加入同等量培養基物質，使系統維持在最佳的培養狀態，如：使用於酒類及綠藻（抽出一定量的發酵液來製成成品，再注入同等量的培養液）。

靈芝深層培養
（＊深層培養：發酵桶通氣及攪拌之液態發酵）

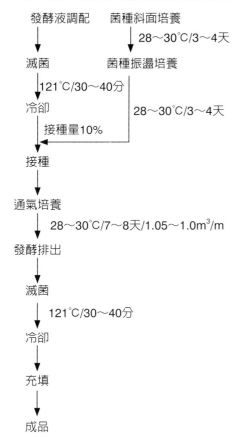

發酵液調配　菌種斜面培養

28～30℃/3～4天

滅菌　　　菌種振盪培養

121℃/30～40分

冷卻

28～30℃/3～4天

接種量10%

接種

通氣培養

28～30℃/7～8天/1.05～1.0m³/m

發酵排出

滅菌

121℃/30～40分

冷卻

充填

成品

紅麴固態培養

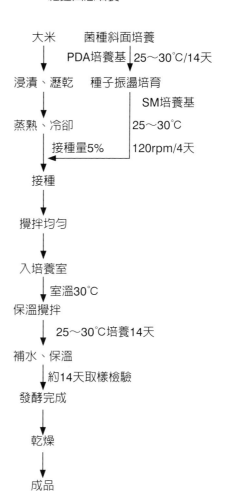

大米　　菌種斜面培養

PDA培養基 25～30℃/14天

浸漬、瀝乾　種子振盪培育

SM培養基

蒸熟、冷卻

25～30℃

接種量5%

120rpm/4天

接種

攪拌均勻

入培養室

室溫30℃

保溫攪拌

25～30℃培養14天

補水、保溫

約14天取樣檢驗

發酵完成

乾燥

成品

＋ 知識補充站

1. 好氧菌（aerobic bacteria）：醬油麴菌之菌床不能太厚或在菌床下通適溫空氣培養。發酵桶發酵培養需要通氣，如：醋酸菌、味精菌。
2. 厭氧菌（anaerobic bacteria）：氧氣對此類細菌有毒，因此無法生長在有氧環境下，如酪酸菌，氧氣很快消化完在進行生長繁殖。
3. 絕對厭氧菌（facultative aerobic bacteria）：無過氧化氫酶、超氧化物歧化酶需控制在無氧的狀態下進發酵。

第4章
食品微生物的利用

4.1 味精

李明清

　　味精的學名叫作L-谷氨酸單鈉一水化合物，英文名稱叫Monosodium L-glutamate，簡稱為MSG。谷氨酸是構成人體22種胺基酸之一，1861年德國人立好生（Ritthausen）從小麥麵筋的硫酸分解物中首先單離出谷氨酸，1908年日本東大教授池田菊苗（Kilunae Ikeda）從海帶煮出液中提取谷氨酸鈉，創造了新的人工調味料獲得專利。1909年池田與鈴木三郎助合作工業化生產，味之素公司的商品味精問世而開啓了味精工業。1958年日本木下祝郎以發酵方法製造谷氨酸研究成功，協和發酵公司最先以澱粉、糖蜜為原料，以發酵方法生產味精。1959年台灣的味全公司以甘蔗糖蜜為原料發酵法生產味精，從此開啓以糖質為原料，使用發酵方法生產味精的時代。

　　以發酵方法生產味精，從原料投入到產品產出，其流程相當長，大約要7天左右，使用的單元操作也很多，在食品加工的領域，算是比較複雜的製程。如果使用澱粉為原料必須先經過糖化的階段，把澱粉轉化成葡萄糖，如果使用糖蜜則必須先把當中的雜質沉澱去除。接下來的發酵是生產的主要階段，藉由細菌的培養，消耗糖質原料之後，會在細菌體內合成谷氨酸的成分，糖質原料為碳水化合物，因此發酵階段要額外補充氮源（使用液態NH_3），細菌體內的谷氨酸累積之後會滲透到發酵液中，早期如果有5～6%就算成績不錯，目前已經進步到大約有10～12%的程度。發酵大約2天就完成了，下一階段是從發酵液中把谷氨酸提取出來，在此利用谷氨酸在pH 3.2同時在低溫下（約10℃）有最低溶解度的特性，讓谷氨酸變成結晶而分離提取，提取率可以達到87%左右。最近也有使用樹脂來吸脫附而得到谷氨酸的方法，提取率可以提高到94%。不管提取率多高，無法提取的母液就成為味精工業濃廢水的來源，而如何處理濃廢水，一直是味精工業存活與否的決定因素。提取的谷氨酸如果把它乾燥會成為粉狀結晶，賣相不是很好，純度也不夠高，因此會進到下一階段去精製，將谷氨酸溶液添加NaOH使變成谷氨酸鈉鹽，然後經過脫鐵脫色，最後濃縮、結晶、分離、乾燥、篩分而成為商品味精的樣子，有點像鑽石，「只要一點點，清水變雞湯」是早年味精銷售時的口號。

小博士解說

FAO/WHO對味精使用的規定如下：
1973年時──味精的ADI 120mg/kg體重。
1987年時──味精的每人每天攝入量，不需作任何規定。
人體中含有14～17%蛋白質，構成蛋白質的22種胺基酸中，谷氨酸占20%是分量最多的胺基酸，但是谷氨酸可以藉由食物攝取及自體合成，不虞缺乏，是非必要性胺基酸的一種，味精不是營養品，它是調味料的一種。

味精

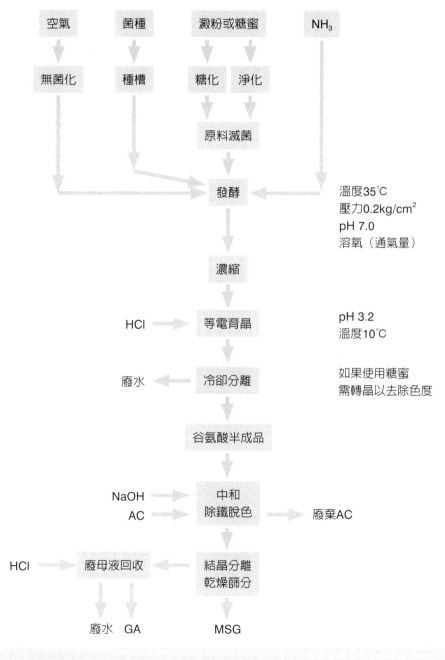

空氣 → **無菌化**

菌種 → **種槽**

澱粉或糖蜜 → **糖化** → **淨化** → **原料滅菌**

NH₃

→ **發酵** ← 溫度35℃
壓力0.2kg/cm²
pH 7.0
溶氧（通氣量）

↓

濃縮

↓

HCl → **等電育晶** ← pH 3.2
溫度10℃

↓

廢水 ← **冷卻分離** ← 如果使用糖蜜
需轉晶以去除色度

↓

谷氨酸半成品

↓

NaOH →
AC → **中和除鐵脫色** → **廢棄AC**

↓

HCl → **廢母液回收** ← **結晶分離乾燥篩分**

↓ ↓

廢水 GA

MSG

✚ 知識補充站

1. 味精生產三要素：原料、動力、廢水處理。
2. 發酵之後的濃縮階段是為了提高提取率及減少廢水量。

4.2 高鮮味精

李明清

　　核苷酸使用作爲鮮味劑之後，有人無意中發現兩種鮮味劑混用，會比用等量單一種鮮味劑的呈味效果更好。這叫作鮮味的相乘效果，當然這與成本也有著關係，例如核苷酸的價格大約是味精的10倍，當使用4%的核苷酸加上96%的味精得到的新產品，其鮮味的呈味力大約爲純味精的5倍。換句話說，使用這新產品的用量只需純味精的1/5，就有與純味精同樣的鮮味，這個高呈味的新產品叫作「高鮮味精」，其成本只有味精的136%，但效用卻有5倍之多，日本的家庭用味精，基本上均已經使用高鮮味精取代傳統的味精了。

　　台灣在民國78年左右，就已經由日本引進生產高鮮味精的產品。早期有的廠家直接把核苷酸噴塗在味精上做爲高鮮味精來賣，但賣相上與味精沒有兩樣，後來均改成像右頁圖解所示的重新造粒的方法，味精及核苷酸分別經過粉碎之後，先乾混合再添加潔淨水練合，而造粒機則使用二段式造粒，粒度整齊均一，使用氣流乾燥之後，直接送去篩分機處理，篩取所需粒度做爲成品，太粗及太細的粉狀物，送回粉碎重新練合回收再使用。

　　台灣的味精廠家，有的因爲味精是當家主力產品，在推出替代品的高鮮味精沒有盡全力，有的因爲味精事業在公司已經不是主力產品，投入推廣高鮮味精的資源不夠，因此在民國78年開始推出時，賣的不是很好，當年台灣每個月的味精銷量約3000噸，數十年來一直沒有多大改變，只是家庭用量減少，外食及加工用量增加，78年推出高鮮味精時，每個月賣不到30噸，經過多年努力，高鮮味精已經成長到每個月200～300噸，而味精銷量仍在2500噸左右，但是因爲高鮮味精有5倍的效用，消費者接受度高，而高鮮味精平均售價約爲味精的2倍，利潤比味精好，因此預料高鮮味精將會逐漸成爲味精事業的主力產品。在日本一般家庭已經使用高鮮味精來取代傳統的味精做爲調味劑使用。

　　在新產品的上市及推廣上，由上述味精業界的經驗，另外成立一個新單位來全力衝刺會比把它放在味精事業兼賣來得順利許多，這個寶貴經驗值得我們拿來學習使用於新產品推出之用。

小博士解說

5'-肌苷酸鈉（IMP）。
5'-烏苷酸鈉（GMP）。
與谷氨酸鈉（味精）混合時有加乘作用能提高調味的效果倍數。

比例	IMP／味精	I+G／味精	GMP／味精
0%/100%	1	1	1
2%/98%	3.2	4.0	4.6
4%/96%	4.3	5.3	6.2
6%/94%	5.0	6.3	7.1
8%/92%	5.7	7.1	8.1

高鮮味精

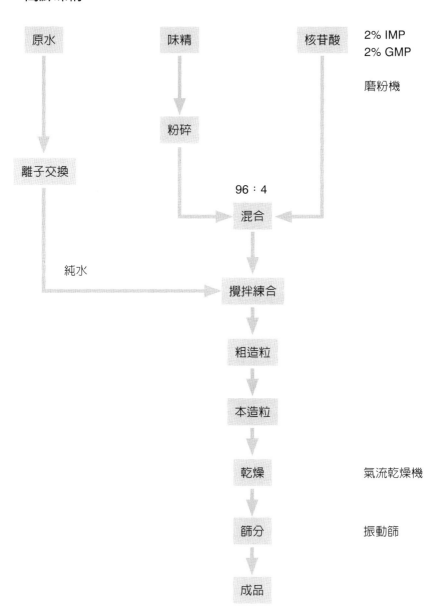

原水 → 離子交換

味精 → 粉碎

核苷酸 (2% IMP, 2% GMP, 磨粉機)

96：4 → 混合

純水 → 攪拌練合

粗造粒 → 本造粒 → 乾燥 (氣流乾燥機) → 篩分 (振動篩) → 成品

＋ 知識補充站

呈味核苷酸鈉廣泛存在動植物中，一般IMP在牛肉、雞肉和魚肉中含量多，GMP在香草、蘑菇類中含量比較豐富。

4.3 檸檬酸

李明清

檸檬酸（Citric Acid，$C_6H_8O_7$）是食物和飲料中的酸味添加劑。很多種水果，尤其是柑橘屬的水果中都含有較多的檸檬酸，特別是檸檬和青檸——它們含有大量檸檬酸，在乾燥之後，含量可達8%（在果汁中的含量大約爲47g/L）。在室溫下，檸檬酸是一種白色晶體粉末。它可以以無水化合物或者一水化合物的形式存在。檸檬酸如果從熱水中結晶時，會生成無水化合物；從冷水中結晶則生成一水化合物。加熱到78℃時一水化合物會分解得到無水化合物。一分子結晶水的檸檬酸主要用作清涼飲料、果汁、果醬、水果糖和罐頭等作爲酸性調味劑，也可用作食用油的抗氧化劑。而無水檸檬酸大量用於固體飲料。

檸檬酸常被用作添加劑，加入到飲料、啤酒、蘇打水當中，糖類溶液的折射率和檸檬酸溶液的折射率基本相同。果汁中最好的甜度表示方法是測定含糖量和含酸量的比值（所謂的糖酸比）。最近，紅外線探測器被允許用來測量糖度和酸度。它的原理是測量糖類和檸檬酸在分子共振上的差異。這爲測量飲料的甜度提供了準確的途徑。1784年C.W.舍勒首先從柑橘中提取檸檬酸。1893年，韋默爾發現青黴菌可以以糖類爲原料製造檸檬酸。1917年，美國食物化學家詹姆斯・柯里發現某些類型的黑麴黴可以高效地製造檸檬酸。柯里以黑麴黴爲供試菌株，在15%蔗糖培養液中發酵，對糖的收率達55%。兩年後，輝瑞利用這一技術開始進行檸檬酸的製造。這一製造技術仍是目前最主要的製造方法。在這個技術中，黑麴黴被放入含有蔗糖或葡萄糖的培養基中進行培養，以生產檸檬酸。糖類的來源包括玉米漿、玉米粉的水解產物或其他廉價的糖類溶液。在去除黴菌及草酸之後，在剩餘的溶液中加入氫氧化鈣或碳酸鈣，使檸檬酸反應生成檸檬酸鈣沉澱，沉澱之後加入硫酸就可以得到檸檬酸及硫酸鈣沉澱。過濾掉硫酸鈣之後，將檸檬酸脫色、濃縮、結晶、乾燥就得到成品。隨著生物技術的進步，檸檬酸工業有了突飛猛進的發展。在檸檬酸發酵技術領域，由於高產菌株的應用和新技術的不斷開拓，檸檬酸發酵和提取收率都有明顯提高，每生產1噸檸檬酸分別消耗2.5～2.8噸糖蜜，2.2～2.3噸薯乾粉或1.2～1.3噸蔗糖。人們正在大力開發固定化細胞循環生物反應器的發酵技術。檸檬酸的發酵因菌種、工藝、原料而異，一般認爲，黑麴黴適合在28～30℃時產酸。溫度過高會導致菌體大量繁殖，糖被大量消耗以致產酸降低，同時還生成較多的草酸和葡萄糖酸；溫度過低則發酵時間延長。最適pH爲2～4，這不僅有利於生成檸檬酸，減少草酸等雜酸的形成，同時可避免雜菌的汙染。檸檬酸發酵要求較強的通風條件，有利於在發酵液中維持一定的溶解氧量。使培養液中溶解氧達到60%飽和度對產酸有利。

小博士解說

發酵液中金屬離子的含量對檸檬酸的合成有非常重要的作用，過量的金屬離子引起產酸率的降低。然而微量的鋅、銅離子又可以促進產酸。在所有有機酸的市場中，檸檬酸市場占有70%以上，到目前還沒有一種可以取代檸檬酸的酸味劑。

檸檬酸

	葡萄糖	
檸檬酸	發酵液	
加適量CaCO₃ 去除草酸	加熱至100℃	蛋白質凝固易過濾 菌體破裂釋出檸檬酸
	過濾	去除粉渣／菌體／草酸
添加碳酸鈣 廢水	中和 過濾	成為檸檬酸鈣分離出來 檸檬酸：碳酸鈣 ＝ 1000：714
	酸解 85℃	加硫酸溶解 $Ca_3(C_6H_5O_7)_2 + 3H_2SO_4$ $\rightarrow 2C_6H_8O_7 + 3CaSO_4$
$CaSO_4$	過濾 活性碳 脫色	$CaCO_3 + H_2SO_4 \rightarrow CaSO_4 + H_2O + CO_2$ 100　　98 實際硫酸為碳酸鈣用量的92~95% 活性碳量為檸檬酸量1~3% 85℃脫色
	樹脂塔	去除金屬離子
相對密度1.34 （37°Be）	濃縮	700mmHg真空下操作 （50~60℃）
	結晶	3~5℃/hr降溫 10~25rpm攪拌轉速
成品	乾燥	

葡萄糖 → 發酵液 → 加熱至100℃ → 過濾 → 中和 → 過濾 → 酸解 85℃ → 過濾 → 活性碳 脫色 → 樹脂塔 → 濃縮 → 結晶 → 乾燥

4.4 維生素C

李明清

　　食品添加物的使用，以少用為上，不用更佳，並且著眼於主要原料的品質，在充分了解法律規定以及添加物的特性之後，就可以做出好的選擇。

　　人體必需的營養元素有蛋白質、碳水化合物、脂肪、維生素、礦物質。在台灣，維生素分為處方藥、指示藥、食品級，維生素要由體外攝取，有其補充的必要性。維生素的生產可以由食物中萃取，目前通用有效方法為人工合成法。而合成方法為各家的秘方所在，其純度均相當高，而品質則以廠家技術為依歸，大概流程為「原料處理 ➔ 合成 ➔ 粗製純化 ➔ 精製 ➔ 包裝」，維生素C最早是由動植物提煉出來，接著有化學製造法，最後發展為發酵及化學共享製造法。

　　維生素C的一段發酵法由瑞士 Reichstein 發明，目前羅氏、BASH、武田三家藥廠仍然使用中。葡萄糖經高溫處理產生山梨醇，然後發酵為山梨糖，與丙酮反應為二丙酮山梨糖然後氧化為二丙酮古龍酸，在有機酸中催化重組為維生素C，最後經過再結晶為成品，每一步轉化率為90%，最終的收率「維生素C／糖」約60%，製程中會消耗丙酮、硫酸、NaOH等，廢棄物處理也要列入考慮。

　　維生素C二段發酵法由中國尹光琳發明，目前中國、歐洲列為主流，葡萄糖經高溫處理產生山梨醇，然後發酵為山梨糖，再經第二段發酵為二酮基古龍酸，在有機酸中催化重組為維生素C，經過再結晶為成品，此方法比起一段發酵法，消耗較少的丙酮、硫酸、NaOH，廢棄物處理費也較少，成本比一段發酵法低。

　　維生素C的未來發酵法，第一步把葡萄糖發酵為KGA（二酮基古龍酸），第二步細菌基因重組，由葡萄糖直接發酵為維生素C。

　　維生素C的應用上要注意高溫、日曬、水溶液中的不穩定性，可以添加穩定劑改善之，化學衍生物則維持相當穩定，維生素C的應用上依照不同純度粉末和結晶而異，維生素C的鈉鹽用作肉類保鮮劑，維生素C的鈣鹽作為營養素添加，單磷酸維生素C的鈣鹽做為飼料添加劑，有抗熱抗壓的作用，羅氏藥廠發明的stay-c，不易溶於水可以作為魚飼料之用。

小博士解說

　　維生素C的添加注意事項：1.載體的選擇──便宜又好；2.少量的混合技術考慮；3.粉狀結塊的防止；4.錠劑形狀的考慮；5.膠囊質料的選擇──奈米化／葷素等。

維生素C

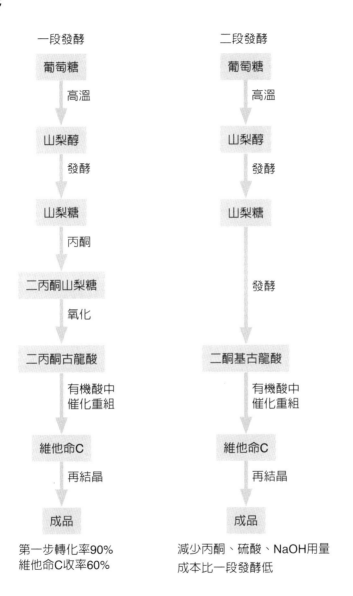

一段發酵

葡萄糖
↓ 高溫
山梨醇
↓ 發酵
山梨糖
↓ 丙酮
二丙酮山梨糖
↓ 氧化
二丙酮古龍酸
↓ 有機酸中催化重組
維他命C
↓ 再結晶
成品

第一步轉化率90%
維他命C收率60%

二段發酵

葡萄糖
↓ 高溫
山梨醇
↓ 發酵
山梨糖
↓ 發酵
二酮基古龍酸
↓ 有機酸中催化重組
維他命C
↓ 再結晶
成品

減少丙酮、硫酸、NaOH用量
成本比一段發酵低

＋知識補充站

衛福部建議維生素C每日攝取量16～71歲，100 mg／日，上限為2000mg／日。

4.5 日本清酒

李明清

　　日本清酒主要以米為原料，以日本傳統製法製成，屬於釀造酒，為米酒的一環。酒精濃度平均在15%左右。以米、米麴和水發酵之後，形成濁酒，再經過濾之後，就成為清酒。這是日本最具代表性的酒類，最適合飲用清酒的溫度介於5℃到60℃之間，是世界上飲用溫度範圍最大的酒類。而另外一方面，清酒亦可以應用在料理上。最常見的使用方法便是利用日本酒來除去魚類的腥臭味。近來在歐美地區逐漸出現了飲用清酒的風潮，主因是壽司與刺身等日式料理在流行至西方國家後，食用時常會配上同樣來自日本的清酒之故。清酒釀造過程中所需的主要原料為水、米、麴菌等，除此之外還需要酵母菌和乳酸菌。上述的幾種原料為清酒的主原料，在主原料之外還需使用調整酒類酸度的副原料才能產出完美的清酒。水大約占了清酒內容物的80%。一般在釀造清酒時主要使用地下水，但在水質良好之地區亦有直接使用自來水的現象。而釀酒時所使用的水可謂左右了清酒的品質，甚至有建於都市地區的釀酒廠為了造出美味的日本酒而從水源區運水至廠房使用的例子。水質優劣的一個條件為水的硬度，使用硬水釀造的酒口感較烈，而使用軟水釀造的酒則口感較甘。原因是在硬水的環境之下，酵母的活性較使用軟水時高，酒精發酵速度加快之故。除了釀造酒類時所使用的原料水需要受到規範，清洗酒瓶及設備的水亦需受到監督。米最大的特點為富含澱粉，原料米的品質左右了酒的品質，另外酵母是決定酒類的口感、香氣與品質的最大關鍵，而專門用來釀造清酒的酵母稱為「清酒酵母」。清酒與洋酒最大的不同之處在於清酒的原料穀類本身不含糖分，需要經過糖化的步驟才能產生糖分。因此日本酒最大的特性便是同時進行發酵與糖化的製造過程，我們將之稱為「並行發酵」。古人的釀酒方式為將米與水混合，使原本就存在於空氣之中的酵母自然發酵，酒窖中大量存在的酵母就主導了酒的品質。日本在引進了微生物學之後，也掌握了分離菌株及培養的技術。1911年（明治44年），日本釀造協會進行了大規模的酵母採集，並在專家評鑑之後訂出了第一名的酵母菌。在評鑑之後大量培養並分散至全國，這類酵母則稱為「協會N號」（視其品種不同，N為不同的數字）。而外界則將此類酵母統稱為協會酵母。吟釀酒的酵母則為協會7號與協會9號，根據原材料和製作方法，清酒可分為普通酒和特定名稱酒兩種，特定名稱酒又可分為吟釀酒、純米酒、本釀造酒三大分類（見右頁表）

小博士解說

　　精米步合（米的精度）是日本清酒釀造的術語，指「磨過之後的白米，占原本糙米的比重。」例如將一批糙米磨去四成後，所製成之白米占原米重量的六成，其精米步合即為60%。

1989年（平成元年）日本政府規定，各級清酒的精米步合如下：
- 普通酒——73～75%左右。
- 本釀造酒——70%以下。
- 純米酒——70%以下（註：2005年起取消）。
- 特別本釀造酒——60%以下。
- 特別純米酒——60%以下。
- 吟釀酒——60%以下。
- 大吟釀酒——50%以下。
- 純米大吟釀酒——50%以下。

日本清酒

特定名稱		使用原料	米的精度	呈現特色
吟釀酒	純米大吟釀酒	米、米麴	50%以下	吟釀製作；特有的香味、色澤極為良好。
	大吟釀酒	米、米麴、釀造酒精	50%以下	吟釀製作；特有的香味、色澤極為良好。
	純米吟釀酒	米、米麴	60%以下	吟釀製作；特有的香味、色澤極為良好。
	吟釀酒	米、米麴、釀造酒精	60%以下	吟釀製作；特有的香味、色澤極為良好。
純米酒	特別純米酒	米、米麴	60%以下	香味、色澤極為良好。
	純米酒	米、米麴	70%以下	香味、色澤極為良好。
本釀造酒	特別本釀造酒	米、米麴、釀造酒精	60%以下	香味、色澤極為良好。
	本釀造酒	米、米麴、釀造酒精	70%以下	香味、色澤極為良好。

✚ 知識補充站

日本國稅廳在1989年（平成元年）11月22日公告製法品質表示基準。該規定同時定義這裡的「白米」是指將「玄米（糙米）」除去「糠」和「胚芽」等表層部分後的米。此定義也包含製造清麴所使用的白米。釀造清酒的重要過程之一，是利用麴菌將白米中心部分的澱粉轉化成糖分。通常使用特別適合釀酒的酒米，保留澱粉多的心白，同時去除外層容易產生雜味的蛋白質和脂肪。因此心白保留的程度，也就是精米步合，對所釀清酒的品質有很大的影響。

4.6 醬油

李明清

　　醬油是東方人日常生活中不可缺少的調味品，在台灣一般是由大豆、小麥及食鹽水等，添加麴菌、酵母菌、乳酸菌等，經過4～6個月釀造而成。大豆可以使用全豆或脫脂大豆均可，在台灣一般習慣使用脫脂大豆當原料，新加坡有使用全豆爲原料者。脫脂大豆價格比大豆低廉，蛋白質含量比大豆高（約爲大豆的1.2倍），脫脂大豆在脫脂時，大豆細胞破裂，有利於蒸煮時的吸水及酵素的作用，對於氮的利用率提高有所幫助，也可以縮短釀造的時間。小麥是爲了提供澱粉質以供麴菌糖化之用，小麥與大豆的比例不同時，甜味、鮮味及香味等會有所不同。一般在台灣，豆麥之比例以1：1比較適合台灣消費者口味。食鹽水約爲原料總量之120%，即所謂12水。釀造用的食鹽以苦味少爲佳，泡製食鹽的水以飲用水標準來選擇。焙炒小麥溫度170℃炒後品質以不熟麥12只／克，焦粒3只／克爲準，蒸煮大豆以蒸汽壓力1.5K爲準，蒸煮之後洩壓要快速讓大豆膨脹，以利後續乳酸菌及麥黴菌的利用。

　　製麴是醬油釀造最重要的步驟，一般使用Aspergillus oryzae或者Aspergillus soyae，選擇酵素力強，且能促進醬油香味爲佳。麴量爲原料的1.1%左右，在28～30℃，乾濕球溫度相差2℃以內，約3天時間完成製麴，種麴爲了要平均投入，可先與碎麥混合增量後再平均投入。

　　除了種麴之外，下缸發酵還要添加酵母菌及乳酸菌。麴菌把原料中的澱粉轉化爲糖，酵母菌則將糖轉化爲酒精，乳酸菌會把糖分和蛋白質轉化爲有機酸。有機酸與酒精酯化時，會產生芳香味道，因此成品中會混有糖的甘味，酯類的香味，有機酸的酸味，還有胺基酸的鮮味，可以說相當複雜。空氣中存有各種的酵母菌也會參與作用，經過一段時間之後，空氣中存在的酵母菌會因環境因素而不同，因此各家公司製造的醬油，其風味是稍有不同的。

　　把脫脂大豆等原料，利用鹽酸加熱分解，可以把原料中的蛋白質等分解成胺基酸等小分子產物，然後用NaOH中和之後經壓濾機過濾雜質，也可以得到分解醬油（非釀造醬油），其呈味性能接近釀造醬油，當然味道稍許不同，但作爲調味用仍然可以得到類似釀造醬油的效果，因爲製造時間縮短到2天內即可完成，因此成本較低。

小博士解說

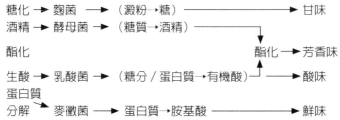

醬油

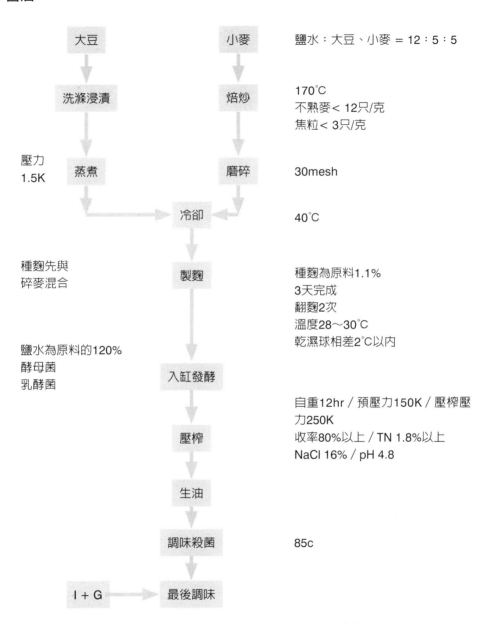

大豆　　　　　小麥　　　鹽水：大豆、小麥 = 12：5：5

洗滌浸漬　　　焙炒　　　170℃
　　　　　　　　　　　　不熟麥 < 12只/克
　　　　　　　　　　　　焦粒 < 3只/克

壓力　蒸煮　　磨碎　　　30mesh
1.5K

　　　　　冷卻　　　　　40℃

種麴先與　製麴　　　　　種麴為原料1.1%
碎麥混合　　　　　　　　3天完成
　　　　　　　　　　　　翻麴2次
　　　　　　　　　　　　溫度28～30℃
　　　　　　　　　　　　乾濕球相差2℃以內

鹽水為原料的120%
酵母菌　　入缸發酵
乳酵菌
　　　　　　　　　　　　自重12hr / 預壓力150K / 壓榨壓
　　　　　壓榨　　　　　力250K
　　　　　　　　　　　　收率80%以上 / TN 1.8%以上
　　　　　　　　　　　　NaCl 16% / pH 4.8

　　　　　生油

　　　　　調味殺菌　　　85c

I + G →　最後調味

+ 知識補充站
台灣甲級醬油──TN 1.4以上；
　　　　　胺基態氮0.56以上；
　　　　　非鹽固形物13%以上。
台灣醬油鹽分約14% / 日本醬油鹽分約17%。

4.7 食醋

吳澄武

　　傳說杜康發明了酒。他兒子黑塔學會了釀酒技術，移居現江蘇省鎮江的地方。在那裡，他們釀酒後覺得酒糟扔掉可惜，就存放起來，在缸裡浸泡。到了二十一日的酉時，一開缸，一股從來沒有聞過的香氣撲鼻而來。黑塔把二十一日加「酉」字來命名這種酸水叫作醋。1878年開始，德國廠商設計高效率、自動化現代生產製醋設備提供服務。醋酸菌是一種生命力極強的生物，它透過發酵過程將酒精轉化為醋：$C_2H_5OH + O_2 \rightarrow CH_3COOH + H_2O$。製造過程詳如右頁示意圖。

　　製醋漿製作（①調和為含酒精10%；②培養劑；③醋酸菌）➔醋酸發酵桶（Acetator 需時間為24小時）➔醋酸➔過濾器（去除菌體）➔成熟桶（放置20天以上）➔殺菌（80℃）➔醋酸成品（包裝成品）。

　　醋酸發酵桶Acetator，利用耐酸不鏽鋼製作之大桶，內部設備有①桶底部設置馬達，可打入空氣，提供O_2。②桶內放置可攪拌之設備，可增攪拌效果。③桶內壁裝置冷水管，通冷水消除溫度（過高）。④桶上方設置機械式消泡機，可消除泡沫。（發酵時會發生泡沫，食品不能用化學消泡劑）。⑤回收泡沫用管路，再送泡沫液回桶內。⑥自動控制設備，利用酒精分析儀，控制酒精度，自動排放成品及注入新原料。

　　過濾器去除菌體及雜物。使用板式壓榨機或逆滲透式管過濾設備。熟成桶：製成醋用不鏽鋼製作，成品過濾後放置20天以上熟成。成品包裝前需經殺菌過程，用UHT板式高溫殺菌機殺菌。成品裝瓶設備。工廠製程設置有兩種：一種為批式（Batch）（每次發酵到成品，一次洩下成品）；另一種為洩下一半，再加入新原料之方式不停發酵。發酵桶24小時後生產可達10%醋。全部排出，再用新原料製造。即批式。需時24小時，一批一批生產到成品。另一種連續式（Continue），生產到10%醋後放洩一半50%，另行加原料。繼續發酵（12小時）。以酒精測定儀，測桶內液酒精含量決定排出及加入原料。

　　市面上醋成品含醋量，烹飪用成品，通常含醋量3～5%，加水4～5倍成為飲用水果醋，含純醋0.4～0.6%視每人口味喜好。如需求高濃度醋作為外銷用，可用Batch方式，將含10%醋為原料，加醋酸菌等發酵一次，可達20%成品。市面上醋成品有純醋、米醋（用米→米酒→米醋）、烏醋（加入洋蔥、胡蘿蔔原料）、味醂及各種水果醋，如蘋果醋、葡萄醋、百香果醋、梅子醋、檸檬醋等。

　　傳統法製醋，時間約為30天，製程因受人工操作及控制成本高，品質難控制。糯米原料蒸煮100℃➔加入麴加水➔糖化60℃4～5小時➔加酵母➔酒精發酵22～23℃4～6天➔壓榨去除酒粕➔酒精發酵液（含酒精12%以上）➔加種醋35～38℃➔熟成2～3月➔過濾➔去除菌體➔殺菌80℃以上➔充填1～2月靜置➔米醋成品

小博士解說

　　老式食用醋用傳統製法，在製程中因含雜菌作用，醋成品會產生類似臭襪味、或梅干味。改正方法需使用純醋酸菌製造。如果購買整套設備一般來說廠商也會提供優良菌種及培養方法。

現代製醋工廠示意圖

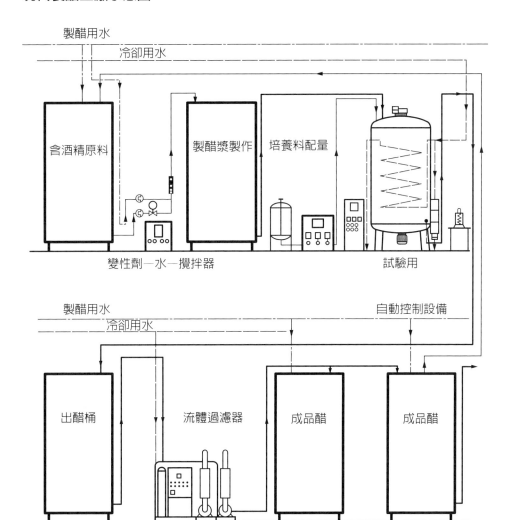

製醋用水

冷卻用水

含酒精原料

製醋漿製作

培養料配量

變性劑—水—攪拌器

試驗用

製醋用水

冷卻用水

自動控制設備

出醋桶

流體過濾器

成品醋

成品醋

4.8 豆醬

李明清

　　豆醬是一種大豆和穀類在食鹽水中的發酵產品，在東南亞地區被廣泛地食用，在中國南方、日本、印尼、泰國、菲律賓、台灣都可看到它的存在。在中國豆醬作為肉類、海鮮和蔬菜類的調和及沾食之用，在日本主要是用於做湯的原料。不同比例的基質、鹽的濃度、發酵時間的長短和熟成的久暫，造成各種豆醬不同的風味。依原料的不同可分為米豆醬（rice miso），麥豆醬（barley miso），和豆豆醬（soybean miso）。米豆醬是以米、大豆和食鹽製成，麥豆醬是以大麥、大豆和食鹽製成，豆豆醬是以大豆和食鹽製成，其中以米豆醬最為普遍，大約占有8成。

　　製造程序上，米豆醬及麥豆醬只有米及大麥經過製麴，大豆蒸煮後直接混合即可。豆豆醬則大豆要經過製麴階段，這與醬油釀造時，所有的生原料都混合後製麴有點不同。麴菌主要目的是生產澱粉酶和蛋白酶等酵素，用來分解原料中之蛋白質、澱粉、脂質等產生特殊風味。酵母菌主要用於將醣類，轉為酒精，乳酸菌則將糖分、蛋白質分解成有機酸，有機酸與酒精反應成酯類，產生芳香味道。

　　右頁圖示為米豆醬製法，米及大豆經過洗淨之後，浸漬在夏天時米要浸6小時，大豆要浸10小時，冬天時兩者均要浸12小時。米浸水之後，會吸水增重約27%，以常壓蒸熟約需35分鐘，蒸熟之後冷卻至35℃，然後送去製麴，製麴約需3天，使用空調機保持溫濕度，並且要翻拌3次使品溫及濕度平均並且逐出二氧化碳，米麴會有特殊香氣，用手握之有彈性感，放開之後能自然分散者為佳。製麴溫度不可超過40℃以33～38℃為宜，麴菌絲侵入會使米的容積增大為1.5倍左右。大豆浸漬之後，體積會增至原來的2倍左右，最好使用加壓蒸熟，壓力為0.7K保持50分鐘，然後快速洩壓，使大豆膨脹將有利於後段的發酵收率。

　　下缸發酵時，加入酵母菌及乳酸菌，常溫要12個月，30℃則6個月可完成，熟成之後在調味階段一般會添加味精、核苷酸及甘味料以達成所需風味，然後送去絞碎，就可以包裝成產品，豆醬具有特殊香氣，但因酵母菌等菌種的不同、各家風味各異。

小博士解說

　　迴轉式製麴槽是新的自動化設備，將已蒸煮而且接種過黴菌的米粒放在槽中一個大的篩網中，控制溫度及濕度的循環空氣用來製麴，篩網轉動可以防止米粒的結塊。

豆醬

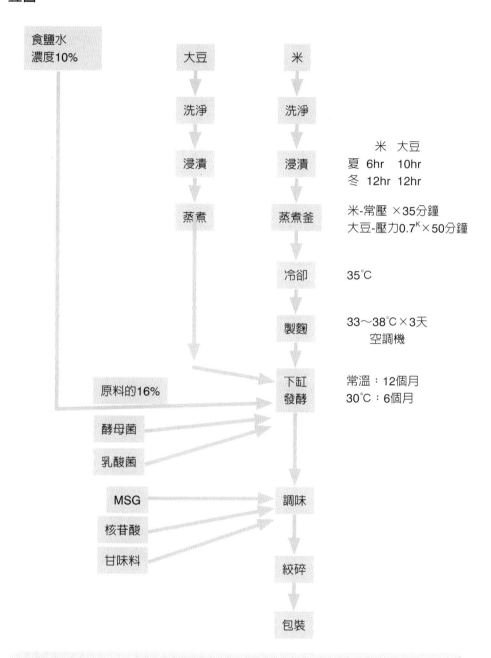

米　大豆
夏　6hr　10hr
冬　12hr　12hr

米-常壓 ×35分鐘
大豆-壓力0.7ᴷ×50分鐘

35℃

33～38℃×3天
空調機

常溫：12個月
30℃：6個月

食鹽水濃度10%

大豆　米

洗淨　洗淨

浸漬　浸漬

蒸煮　蒸煮釜

冷卻

製麴

下缸發酵

原料的16%

酵母菌

乳酸菌

MSG

核苷酸

甘味料

調味

絞碎

包裝

＋ 知識補充站

豆醬成品

水分：50%；食鹽：14%；全氮：2%；胺基態氮：0.3%；pH：5.0。

4.9 香檳酒

李明清

　　香檳酒是氣泡酒的一種，氣泡酒顧名思義為酒中含有氣泡（CO_2）的酒，其釀造方法以香檳法（瓶內二次發酵法）、夏馬槽法（密閉酒槽法）及二氧化碳注入法為主流。

　　大部分之氣泡酒為了維持品質又能大量生產就會採用夏馬槽法，將採收之葡萄榨汁經第一次發酵後，放入大型密閉酒槽中，加入酵母及利口酒等在密封酒槽進行第二次發酵，第二次發酵之後過濾沉澱物，並調整糖分及酒精之後裝瓶，貼標之後為成品。

　　香檳酒指的是用特定品種葡萄（Pinot Noir, Pinot Meunier及Chardonnay）在法國北部香檳區，使用香檳法所釀造的氣泡葡萄酒。其他地區及國家所釀造的氣泡葡萄酒只能稱為氣泡酒，不能用香檳酒的名字，而只有符合上列三個條件，所釀造的氣泡葡萄酒才能叫作香檳酒。

　　世界上生產葡萄酒的產地，大都也有生產氣泡酒。例如在法國香檳區以外的氣泡酒稱為Vin Mousseux，德國的Sekt，西班牙的Cava，義大利的Spumante都相當有名氣。氣泡酒大都採用夏馬槽法，而不像香檳酒採用的香檳法。

　　香檳法在每年的大約9月中旬到10月上旬，在葡萄成熟時的約21天內，習慣上雇用熟練的波蘭工人一次性把葡萄全部以人工摘下，盡快送至壓榨廠，黑葡萄會把果皮及種子去除再壓榨以保持顏色，榨好的葡萄汁送到酒槽進行10～15天的第一次發酵。發酵完成之酒汁，會挑選上年度以及以前之香檳酒調合以得到各種品牌形象的原酒。原酒加入酵母及利口酒裝瓶之後在平均溫度10℃中陳放，並進行二次發酵。酵母會分解糖分產生酒精及二氧化碳，經6～8週完成，完成發酵之死酵母會變成沉澱物，接下來酒將會慢慢熟成，大約2年會熟成70%，6年將可熟成100%。從裝瓶開始，無年份的香檳要經過15個月，有年份的香檳要3～5年，而頂級的香檳要5～7年的陳放，接著把酒瓶倒立45度入架子，每8分鐘轉動一次，持續5～6週，沉澱物會集在瓶口，然後把瓶口浸在零下20℃的鹽水中，讓沉澱物凍結，開瓶利用瓶內壓力將沉澱物排出，最後添加糖分及酒精調味之後，以軟木塞封瓶並以鐵絲綑綁固定並貼上標籤以證明血統，一瓶香檳酒即完成。

香檳酒

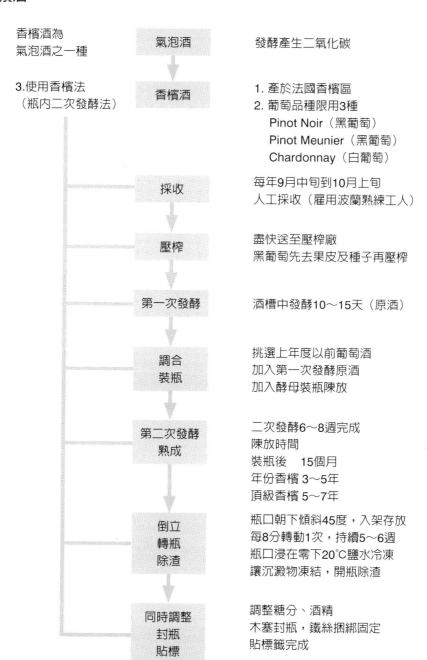

香檳酒為
氣泡酒之一種

氣泡酒 → 發酵產生二氧化碳

3.使用香檳法
（瓶內二次發酵法）

香檳酒
1. 產於法國香檳區
2. 葡萄品種限用3種
   Pinot Noir（黑葡萄）
   Pinot Meunier（黑葡萄）
   Chardonnay（白葡萄）

採收
每年9月中旬到10月上旬
人工採收（雇用波蘭熟練工人）

壓榨
盡快送至壓榨廠
黑葡萄先去果皮及種子再壓榨

第一次發酵
酒槽中發酵10～15天（原酒）

**調合
裝瓶**
挑選上年度以前葡萄酒
加入第一次發酵原酒
加入酵母裝瓶陳放

**第二次發酵
熟成**
二次發酵6～8週完成
陳放時間
裝瓶後　15個月
年份香檳 3～5年
頂級香檳 5～7年

**倒立
轉瓶
除渣**
瓶口朝下傾斜45度，入架存放
每8分轉動1次，持續5～6週
瓶口浸在零下20℃鹽水冷凍
讓沉澱物凍結，開瓶除渣

**同時調整
封瓶
貼標**
調整糖分、酒精
木塞封瓶，鐵絲捆綁固定
貼標籤完成

✛ 知識補充站
香檳酒飲用時會得到視覺上的享受，為個人人生帶來想像的美好變化。

4.10 發酵乳製品

邵隆志

發酵乳製品有發酵乳（fermented milk）、酸乳油（sour cream）、乾酪（cheese，起司）。

（一）發酵乳

是直接以牛乳、羊乳、或馬乳爲原料，加入乳酸菌的菌種，經乳酸發酵而成的食品。存在世界古老的發酵乳，使用當地的乳源及當地特殊的菌酛，製成具地區特色的發酵乳。

1. **目前市售的發酵乳**：yogurt發酵乳（中國稱爲酸乳），台灣分爲二種：優酪乳，裝於PE瓶、紙盒等；優格，杯狀產品，產品半凝固狀或凝固狀。
2. **保加利亞乳**：保加利亞用脫脂乳，使用保加利亞乳酸桿菌，遍布全世界，以保加利亞原產地命名。
3. **克弗爾（Kefir）**：高加索山區，被稱爲長壽村，一般認爲與吃此發酵乳有關，細種結在一起白色似球狀顆粒結合在一起，是球菌、桿菌及野生酵母結合而成，成品帶有酒味，因克弗爾菌會愈長愈多，可用來送親朋好友。
4. **蒙古發酵乳**：以牛乳、山羊乳、馬乳爲原料，蒙古常以馬乳做原料發酵，是宴客及正式場合的聖品。菌種是球菌、桿菌及野生酵母結合而成，帶有酒味。

（二）酸乳油

使用含乳脂肪20～30%的牛乳，經發酵所製成的發酵乳，一般用在生菜沙拉及乳酪蛋糕。也用來直接食用。

（三）乾酪

常與乳酪混用，黃褐色，相似一般長條型方塊，在此特於右頁製程圖加以分別。

直接使用牛乳、羊乳爲原料加入菌酛（各地及各種乾酪有他的特殊菌種及特殊的製法，產生特別的風味），一般使用的製法如右頁圖：

1. 殺菌：殺死乳中的微生物雜菌避免影響品質，降溫到40℃左右。
2. 添加菌酛：進行發酵至乳酸0.18～0.22%。
3. 添加凝乳：約30～40分鐘產生凝固。
4. 排除乳清：截切2～3公分，排除乳清。加溫、攪拌、排除乳清、收集凝乳。
5. 擠壓：收集凝乳塊，將凝乳擠壓進一步排除乳清。放於模具擠壓，擠壓程度影響乾酪硬度及含水量，因乾酪不同擠壓程度不同。軟質乾酪不進行擠壓。
6. 包裝：各式乾酪皆有不同。
7. 熟成：一般乾酪會抹上鹽或浸泡在鹽水以有防止異常菌的生長。熟成時間一般爲1～6個月或更長，軟質乾酪有的不進行熟成，包裝後販售。

小博士解說

乾酪（cheese）：牛乳或羊乳加菌種發酵及添加凝酶凝固，排出乳清，擠壓成塊狀形。

乳酪（Butter）：高乳脂的牛乳，攪拌破壞脂肪球，浮上奶油，收集壓成爲奶油，80%黃褐色，長條方型。

奶油（cream）：生乳經脂肪分離機，分離成38～40%，再以生乳調成市售20～40%乳脂，或直接以脂肪分離機控制乳脂率，乳脂肪約20～40%因用途而異。用來做發泡奶油、咖啡奶油及烹飪。

乾酪及乳酪製程

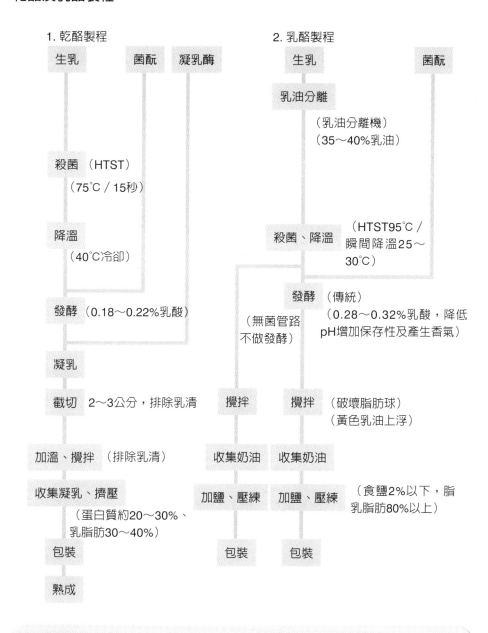

1. 乾酪製程

生乳　菌酛　凝乳酶

殺菌（HTST）
（75℃／15秒）

降溫
（40℃冷卻）

發酵（0.18～0.22%乳酸）

凝乳

截切　2～3公分，排除乳清

加溫、攪拌　（排除乳清）

收集凝乳、擠壓
（蛋白質約20～30%、
乳脂肪30～40%）

包裝

熟成

2. 乳酪製程

生乳　菌酛

乳油分離
（乳油分離機）
（35～40%乳油）

殺菌、降溫　（HTST95℃／
瞬間降溫25～
30℃）

發酵　（傳統）
（0.28～0.32%乳酸，降低
pH增加保存性及產生香氣）
（無菌管路
不做發酵）

攪拌　　攪拌　（破壞脂肪球）
（黃色乳油上浮）

收集奶油　收集奶油

加鹽、壓練　加鹽、壓練　（食鹽2%以下，脂
乳脂肪80%以上）

包裝　　包裝

＋知識補充站

　乾酪風味：凝乳酶及菌酛發酵，醣類產生乳酸、丙酸、醛類，蛋白質產生胺基酸及胺、揮發性硫化物，脂肪裂解產生脂肪酸、揮發性脂肪酸及內脂類。不同菌酛會有他不同的發酵的途徑，產生不同的有機酸等。

4.11 食用菌（一）

黃種華

　　可食用菇類最初野生長在森林幽谷中，經採收烹煮，鮮味可口，營養豐富，稱之「山珍」。早在1707年法人Tournefort將野生菇試驗人工栽培，後人更繼續研究，試驗改進，逐漸推廣至歐洲各國及日本。

　　台灣菇類發展，生產加工製罐外銷最多首推洋菇，從1960年開始大面積栽培，技術不斷改進，並建立穩健產銷制度，曾有年銷售洋菇罐頭420萬箱紀錄，值四千萬美金外匯，爲農村帶來經濟繁榮。如今逐漸被勞工低廉國家所取代，洋菇生產僅供市場鮮銷而已。除洋菇外，台灣鮮銷市場有草菇、香菇、白木耳、黑木耳、金針菇、鴻喜菇、猴菇、杏鮑菇等。

　　栽培食用菇類，原材料來源廣泛易得，主要稻草、麥桿、鋸木屑、蔗渣、馬糞、雞糞、米糠、尿素、硫安、磷肥、石灰等。近年來各種菇類生產朝向自動化、專業化管理，控制栽培溫濕度、通風條件，增加收量、品質，並降低成本。

　　食用菌栽培方法：

（一）食用菌對養分的要求

1. 碳源

　　食用菌是利用植物之纖維素、半纖維素、木質素、澱粉、果膠、聚糖類和蔗糖、麥芽糖、葡萄糖、有機酸和醇類中之碳素做爲細胞活動之能源。食用菌不能直接吸收纖維素或半纖維素、木質素。必須利用其酵素之作用，分解成簡單小分子糖類才可被吸收利用。

2. 氮源

　　氮素是食用菌合成蛋白質和核酸的必要元素。野生食用菌利用樹葉、枝在土壤腐殖形成蛋白質和胺基酸和銨態氮。人工栽培材料中，如以稻草或麥桿爲主要堆肥，必須添加適量硫酸銨、尿素、米糠、麩皮、雞糞、牛糞等，待其發酵，轉變成食用菌可吸收利用的氮素。碳氮比在生殖生長時期爲30～40：1。

3. 無機鹽

　　鉀、鈣、磷等無機鹽是菇體構成重要因素，細胞代謝作用中也是不可缺的活化劑。通常在稻草、麥桿、木屑、雞糞、米糠的堆肥皆有無機鹽，人工製造堆肥過程中，添加適量石灰，以調節堆肥的pH值。鈣的加入，增加菌體重量。

4. 生長素

　　維生素B_1是食用菌都必需，因其對食用菇生長發育有明顯影響。人工做成堆肥中，添加適量米糠，可提供蛋白質外，並供應維生素B_1，有生育激素的功效，能促進菌絲形成子實體的功能。

太空包

台灣每年生產太空包有2億5000包以上。
生產已專業化、機械化。
材料：木屑、闊葉樹種、相思木、山芝蔴、橡樹、木麻黃等。
　　　有毒性或含腐揮發物樹木除外。
　　　棉子殼、玉米芯桿、農作品廢棄物。
　　　碳酸石灰、消石灰、尿素、米糠、麩皮等。

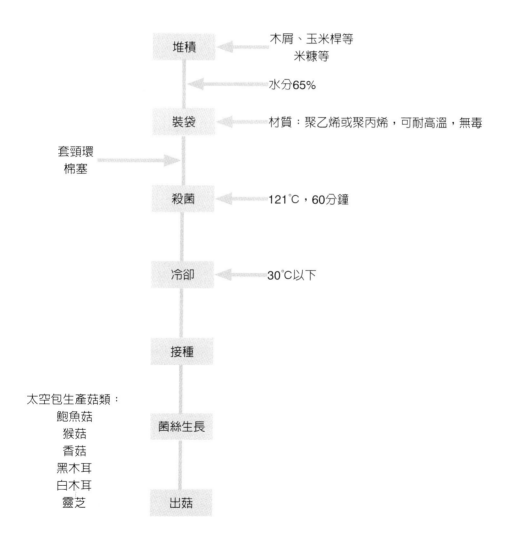

堆積 ← 木屑、玉米桿等　米糠等

← 水分65%

裝袋 ← 材質：聚乙烯或聚丙烯，可耐高溫，無毒

套頸環　棉塞 →

殺菌 ← 121℃，60分鐘

冷卻 ← 30℃以下

接種

太空包生產菇類：
　　鮑魚菇
　　猴菇
　　香菇
　　黑木耳
　　白木耳
　　靈芝

菌絲生長

出菇

4.12 食用菌（二）

黃種華

（二）生長發育的環境與條件

影響食用菌生長環境條件，主要有溫度、堆肥酸鹼度、水分、氧氣和二氧化碳等。

1. 溫度

食用菌生長發育都有其最適合的溫度範圍。在適宜溫度下，菌絲體生長良好而迅速，菇體結實、重量增加、品質良好。一般情形，食用菌絲較耐低溫，在0℃左右也不會凍死，只是生長停頓。但對高溫頗為敏感。因高溫使酶失其活性，代謝作用失常，往往造成菌絲體死亡。

台灣利用天然環境，冬季期間採收菇體，減少用電冷氣費用。因此，一般栽培菇舍選擇較寒冷、低溫較長地區生產。

食用菌中，草菇例外，草菇屬高溫性菌，在32～40℃生長良好，不耐低溫，5℃就會死亡。都選在夏季栽種。

歐美諸國，大部分建保溫良好菇舍，利用空氣調節機控制栽培溫度，產量較高且穩定，唯電費及設備費用頗巨。

香菇菌絲在不同溫度的生長速度

溫度（℃）	菌絲生長長度（mm／天）	溫度（℃）	菌絲生長長度（mm／天）
5	6.4	20	61.0
10	13.0	25	85.5
15	40.0	30	41.5

2. 水分和濕度

食用菌對水分非常重要，菌絲細胞或菇體皆需水分。提供適宜水分，促進菌絲生長和菇體品質。食用菌吸收營養分和代謝過程，水扮演重要角色。

栽培菇類的培養基，在菌種移接前，一般控制在60%左右。如洋菇堆肥上床前，堆肥之含水量約為60～62%。

水分含量可以用紅外線測出，一般栽培業者，用手握一團堆肥在掌中，用力一緊壓，見有水分從手指縫滲出1～3滴，即為60%左右。

濕度對食用菌在發菇過程很重要，在菌絲生長時，一般控制在70～85%，菇體生長時約為80～85%。台灣菇舍建築較為簡陋，在氣溫較高時，菇床水分蒸發甚速，菇舍濕度需在地面灑水和空中噴水霧，維持適當濕度。但要注意濕度過高，通風不良栽培室中，容易造成青黴菌漫延。

3. pH值（酸鹼度）

菌絲發育和菇體生長，對pH值影響，各種菇類略有不同，一般而言，稍偏酸性，pH約為6.0～7.0之間。測pH值方法，可用pH計測之，但一般業者以簡便方法，手中緊握一團培養基，擠出水分滴在B.T.B.試紙上，由變色情形來判斷。

4. 光線和紫外光

大多數食用菌的菌絲生長不需要光源。菌類子實體形成時，僅保持工作中需要之照明光線即足。更要避免日光直射。

5. 通氣

所有食用菌都是好氣性微生物，空氣中如二氧化碳濃度過高，會影響菇體成長，但二氧化碳對菌絲發育影響不大。一般在菇體成長時，栽培室中二氧化碳濃度維持0.08%以下，每小時換氣量為栽培室體積之1～2倍即足。

有經驗業者進入栽培室內，如聞有一股霉味或異味，即示空氣流通不足，可用送風機送風，如室外氣溫適宜，亦可打開門窗以迅速換氣。唯需注意栽培室內濕度和水分之維持。

食用菌（二）

蕈類種類	說　明	蕈類種類	說　明
	鮑魚菇		巴西蘑菇（姬松茸）
	猴頭菇		木耳
	香菇		白木耳
	草菇		竹蓀
	洋菇		靈芝

4.13 單細胞蛋白

李明清

微生物的結構非常簡單，一個個體就是一個細胞，從單細胞微生物中提取的蛋白就叫單細胞蛋白（single cell protein, SCP）。由於微生物繁殖速度快，原料要求低（包括農林副產物及廢料，食品加工後的廢物等），營養價值高（含有碳水化合物、脂肪、維生素和礦物質等多種營養成分），是人類和動物獲得蛋白質的重要方法。可生產蛋白質的微生物，包括含有葉綠素能進行光合作用的單細胞藻類和不能進行光合作用的微生物，如酵母菌及細菌等。單細胞蛋白可用於飼料工業和食品工業，作為補充蛋白質的原料。

單細胞蛋白具有很高的營養價值。它的蛋白質含量可達到40～70%，遠遠超過一般的動植物食品。而且單細胞蛋白質裡面胺基酸的種類比較齊全，有幾種在一般食物裡缺少的胺基酸，在單細胞蛋白裡卻大量存在。另外，還含有多種維生素，這也是一般食物所不及的。正是由於單細胞蛋白具有這些特別的優點，現在的人們用它加上相應的調味品就做成雞、魚、豬肉的代替品，不僅外形相像，而且味道鮮美，營養也不亞於天然的魚肉製品；用它摻和在餅乾、飲料、乳製品中，則能提高這些產品的營養價值。在禽畜的飼料中，只要添加3～8%的單細胞蛋白，便能大大的提高飼料的營養價值和利用率。用來養豬可增加瘦肉率；用來養雞可增產蛋量；用來飼養奶牛還可提高產奶量，單細胞蛋白用途可以說相當大。

單細胞蛋白的生產過程也比較簡單：在培養基配制及滅菌完成以後，和菌種一起投到發酵槽中，控制好培養條件，菌種就會迅速繁殖，從發酵液中收集菌體，最後經過乾燥處理，就成為單細胞蛋白製品。

單細胞蛋白按照使用的微生物種類可以分為：酵母蛋白、細菌蛋白、藻類蛋白等，酵母在食品加工中應用早，包括釀造、烘焙等食品。酵母中蛋白質的含量超過了乾重的一半，但相對缺乏含硫胺基酸，由於酵母中含有較高量的核酸，若攝入過量的酵母蛋白會造成血液的尿酸升高，引起機體的代謝紊亂。細菌蛋白的生產一般是以碳水化合物作為原料，它們的蛋白質含量占乾重的3/4以上，必需胺基酸組成中同樣缺乏含硫胺基酸，它們所含的脂肪酸也多為飽和脂肪酸。細菌蛋白提取處理後得到細菌分離蛋白，它的化學組成與大豆分離蛋白相近。藻類蛋白以小球藻和螺旋藻最引人注意，它們是在海水中快速生長的兩種微藻，二者的蛋白含量分別為50%、60%（乾重），必需胺基酸中除含硫胺基酸較少外，其他的必需胺基酸很豐富。

小博士解說

高濃度的有機廢水，以厭氣法發酵，一方面可以生產單細胞蛋白，一方面可以處理廢水，可以說一舉兩得。生產啤酒時，過剩的酵母菌可以乾燥成為啤酒酵母，作為飼料及食品之用。

單細胞蛋白

特色
1. 繁殖快
2. 原料來源廣
3. 營養價值高

分類
可光合作用（藻類）
不能光合作用（細菌／酵母菌）

營養價值食品
可當雞、魚、豬肉的代替品
蛋白質40～70%
胺基酸比較齊全
含維生素

飼料
豬——增加瘦肉率
雞——增加產蛋率
奶牛——提高產乳率

培養容易
培養基單純
菌種容易培養

菌體利用
藻類蛋白
酵母蛋白
細菌蛋白

╋ 知識補充站

1. 蛋白質含量高，比大豆高10～20%，比魚肉高20%。
2. 含有人體必需的8種胺基酸。
3. 成人每天食用10～15克乾酵母可滿足胺基酸需求。
4. 維生素、礦物質含量多。
5. 含豐富的酶類。

4.14 核苷酸：IMP和GMP

李明清

核苷酸是構成DNA及RNA的一部分，它由鹼基核糖及磷酸構成，依照鹼基核糖及磷酸之順序排列聚合而成，如果脫去磷酸則叫作核苷，鹼基如果是烏嘌呤及次黃嘌呤的核苷酸，就叫作烏苷酸（GMP）及肌苷酸（IMP）。因為磷酸鍵的位置在核糖5'位C上面，叫作5'-烏苷酸及5'-肌苷酸。

IMP及GMP生產的方法，可以使用直接發酵的方法，理論及實際上均沒問題但生產成本稍高，如果使用枯草菌的腺嘌呤和組氨酸缺陷株，使用發酵方法得到肌苷，利用活性碳及離子交換樹脂吸脫附就能得到肌苷，然後與磷酸反應即能得到IMP；如果使用芳孢桿菌的嘌呤缺陷株，得到中間產物，再經化學方法的環化，氨化最後磷酸化就能得到GMP。而直接由RNA分解也能得到IMP與GMP，細菌中的RNA比較高，但是因為酵母菌的收率、回收等操作比較方便，一般均以假絲酵母為主。從細胞中提取RNA，然後將RNA分解就能得到IMP及GMP。

1913年日本的小玉新太郎發現鰹魚乾的鮮味的主要成分是肌苷酸呈雞肉鮮味，1847年法國人利比希從牛肉提取液中首先發現肌苷酸，1960年日本的國中明從香茹中發現烏苷酸的呈味有香菇鮮味，1898年英國人班從胰臟中首先分離命名烏苷酸。

從化學結構來看，核苷酸中磷與核糖結合位置必須在5'的位置，而且6的位置必須有OH基，才有呈味性，而GMP的呈味性大於IMP；工業上常常使用IMP與GMP50%與50%的比例配合叫作WMP或叫作I+G，其呈味性介於IMP與GMP之間，味精如果與IMP或GMP混合，會提高味精的鮮味效果。例如96%味精，如果添加4%的IMP則鮮味會提升為純味精鮮味的4.3倍，添加4% I+G則會提升為5.3倍，添加4%GMP則會提升為6.2倍，台灣市面上所販賣的高鮮味精就是96%味精添加4%I+G的產品，雖然售價約為純味精的2倍，但有約5倍效果，對消費者來說仍然划算。

小博士解說

味精與I+G的混合物，對於鮮味的提升叫作鮮味相乘效果。

核苷酸：IMP和GMP

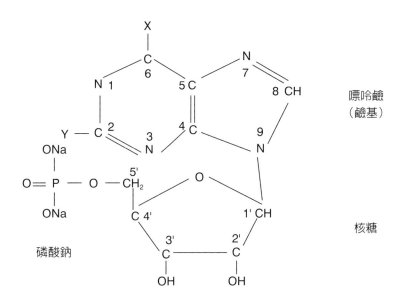

嘌呤鹼
（鹼基）

核糖

磷酸鈉

IMP（inosine monophosphate）——X=OH, Y=H
GMP（guanosine monophosphate）——X=OH, Y=NH₂
AMP（adenosine monophosphate）——X=NH₂, Y=H
XMP（xanthylic acid）——X=OH, Y=OH

IMP, GMP, XMP三種呈鮮味
AMP不呈鮮味

＋知識補充站
鹼基的碳及氮的位置已經用1, 2, 3……來區別。
因此核糖中的碳位置使用1', 2', 3'……來區別。

4.15 洋菇（一）

黃種華

　　洋菇（學名：Agaricus bisporus或A. brunnescens）是台灣農業發展史上一項奇蹟。台灣在1950年期間，農業研究單位自國外引進菌種，試驗栽培漸漸成功，推廣到全省鄉鎮農會，帶動農民栽培生產，食品工廠收購製罐外銷，創造一年銷售420萬箱洋菇罐頭。帶來四千萬美金外匯。也促進台灣農村經濟繁榮。

（一）洋菇栽培生長條件

1. 溫度：生長子實體最適宜溫度20～25℃，菌絲在25℃生長最快。
   低於5℃以下，生長遲滯，高於35℃易造成菌絲老化死亡，菇體開傘，品質劣化。
2. 濕度：菇舍內保持相對濕度70～85%，濕度過低，易使菇體發生開裂和成鱗片，甚至減產。濕度過高易誘引病蟲害。
3. 光線：菇舍中保持工作上之光源即可，無需添加光源。光線對洋菇生長影響不大。
4. pH值：菌絲在堆肥生長時，pH 5.6～7.2間均可生長良好。子實體成菇時，pH在6.0～9之間。一般在堆肥製作時，酌量添加碳酸石灰或生石灰，維持適宜pH值。
5. 通氣：菇舍中維持CO_2含量在0.08%以下，不要超過0.1%。一般可用通風或抽風來控制，外界氣溫若適宜時，也可打開門窗，迅速換氣。
6. 水分：堆肥製造上床前，水分要嚴格控制。一般控制在60%左右。有經驗栽培人員，用拳手緊握一把堆肥，可從手指縫中擠出1～2滴水分即可。氣溫若高，菇舍容易失水，要在地面撒些水，減少菇床堆肥水分之蒸發。

（二）洋菇菌種

1. 試管培養基

馬鈴薯汁	1000毫升	馬鈴薯用酒精消毒，削皮，切成小
葡萄糖	10克	塊取200克加水1000毫升，煮沸30分
洋菜粉	18克	鐘過濾備用。

上述培基加熱溶解後分裝進試管中，棉塞、殺菌、斜放、冷卻、待用。

2. 組織培養

　　選擇發菇初期，外觀正常良好，顆粒較大，重碩洋菇。用酒精殺菌外表，放進無菌箱內。用解剖刀切開洋菇，取其組織體約長10mm×5mm×1～2mm之鮮菇小片，移接在斜面試管培基中，保持25℃，經約2～3週，即可移接。

3. 孢子培養

　　選擇正常良好洋菇，酒精殺菌，菇腳切短，放進殺菌後之雙重皿內，底鋪一張濾紙。經數天，見菇傘開張，有褐色孢子掉落在濾紙上。用白金絲棒輕劃孢子，移接在斜面試管上，保溫25℃，待用。

4. 小麥菌種

　　將小麥浸泡水中，約1～2小時，水淹麥面，加蒸氣煮熟，見小麥胚芽處已有裂痕即可，放冷，拌石膏5%，攪拌均勻，裝入瓶中，棉塞、高溫蒸氣殺菌，放冷備用。

　　接種：挖出斜面培養之洋菇菌絲一小段，移入小麥菌瓶上。在25℃，約經三週，菌絲約可長滿整瓶，即可準備下種。

洋菇栽培步驟

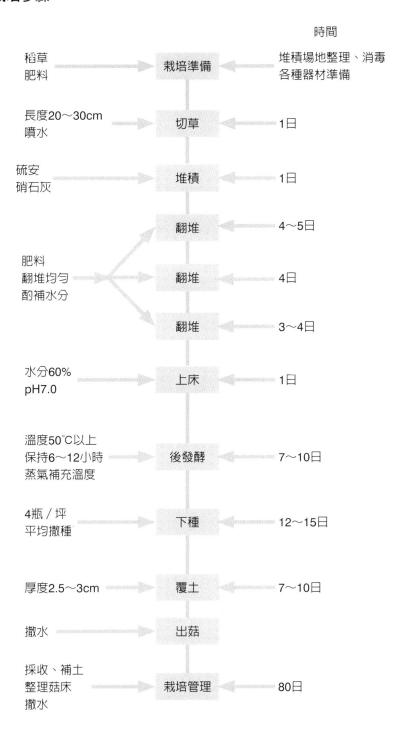

		時間
稻草 肥料	栽培準備	堆積場地整理、消毒 各種器材準備
長度20～30cm 噴水	切草	1日
硫安 硝石灰	堆積	1日
	翻堆	4～5日
肥料 翻堆均勻 酌補水分	翻堆	4日
	翻堆	3～4日
水分60% pH7.0	上床	1日
溫度50℃以上 保持6～12小時 蒸氣補充溫度	後發酵	7～10日
4瓶／坪 平均撒種	下種	12～15日
厚度2.5～3cm	覆土	7～10日
撒水	出菇	
採收、補土 整理菇床 撒水	栽培管理	80日

4.16 洋菇（二）

黃種華

（三）洋菇栽培

1. 菇舍：台灣栽培洋菇每年僅一期，菇舍建築較國外爲簡陋，無冷氣設備、經濟實惠爲原則。外圍保溫用紅泥塑膠、保麗龍或防水油布。舍內的竹桿搭架、門窗用硬的角木。每棟約50坪，左右各五層，中間及雙旁皆有通路。

2. 堆肥配方：栽培業者配方設計略有差異，但以提高產量、降低成本爲目標。各種材料需價廉容易取得。

   配方：（單位公斤）

稻草	硫安	硝石灰	碳酸鈣	磷肥	豆粉	米糠	雞糞
100	2	2	1	3	2	3	1

3. 切草：稻草先行切短約爲20～30公分，隨即噴灑充分水分，使稻草變軟有利堆積。

4. 堆積：切草後隔天開始堆積。堆積高度約150公分，寬100公分，長500～600公分。稻草堆積時，要把硝石與硫安分層撒放，每層約20～30公分高，如果稻草過乾，需要酌以補水。堆積時注意四周要扎實，使堆肥容易發酵，溫度提高。

5. 翻堆：堆肥堆積後溫度逐漸上升，約至50℃以上。大約經3～4天，即要翻堆。翻堆要點是把外層稻草翻到內層、上層稻草翻到下層。堆肥打散，不可成團結塊。國外皆用翻堆機。台灣有用堆肥打散機，但乃用人工做堆。幾次翻堆中，需添加配方中材料，分次添加。並補充堆肥水分。

6. 上床：堆積約經12～16日，即可上床。上床之前，注意堆肥之pH值約在7.0左右。可略偏酸。水分保持在60～62%，不足時，可撒水補充。菇床築堆肥高度約20～25公分，堆肥要平均，床面平穩，不可高低不平。

7. 後發酵：堆肥上床後，關閉門窗，使堆肥溫度上升，最高達到65～75℃，保持6～12小時，若溫度無法上升到50℃以上時，需通進蒸氣幫助提升溫度。
   後發酵目的：殺死堆肥中雜菌、病蟲原體，並改善堆肥品質，以利洋菇菌絲生長。

8. 下種：後發酵完成後，即打開窗門，並通風，降低菇床堆肥溫度27～28℃以下時，即可下種。洋菇菌種用量每瓶400公克小麥菌種約4～5瓶一坪。
   方法：把菌種小心挖出平均撒布在菇床床面，用釘有小釘木板，輕輕打打，務使菌種落進堆肥之中。

9. 覆土：下種後，保持堆肥溫度在25℃左右，經2～3週，見洋菇菌絲已漫延至堆肥各處，深度已超2/3。即準備覆土。
   覆土性質：以腐植土較佳。需吸水性強，通氣性良好，有機物多，病蟲原少，無重金屬汙染。台灣一般使用磚紅壤土，先經篩選，消毒殺菌備用。覆土厚度約2.5～3公分。每坪用量約爲100公斤。土壤先調整pH值至7左右。一般添加輕質碳酸石灰調整。保持適宜濕度。

10. 採收管理：覆土後二、三週左右，見有小菇蕾出現，保持良好溫度及土壤濕度，

每日酌增撒水量，但不可過濕。洋菇逐漸長大迄採收。洋菇自長大至採收稱一週期，週期往往受外界氣溫變化所影響。整季洋菇採收依氣溫而定，三個月採收期約有10〜12週期。初期洋菇長得快又多，尾期稀鬆，採收期間注意水分之補充，及室溫之調節。良好堆肥，良好管理是良好收穫保證。

洋菇組織培養

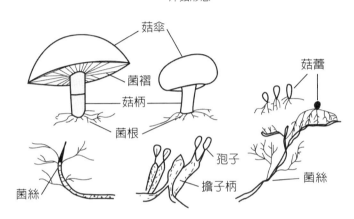

洋菇形態

洋菇孢子收集

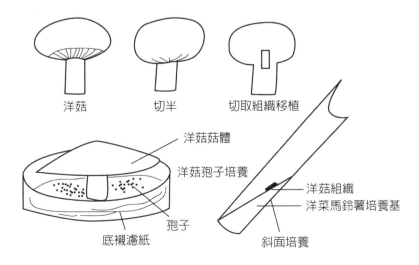

4.17 麵包

徐能振

麵包的製作程序如下：

（一）攪拌

1. 原料投入順序

(1) 將糖、鹽放入攪拌缸。

(2) 加入水和冰塊。

(3) 奶粉、麵粉。

(4) 加入酵母，上述慢速攪拌完成後，讓其基本發酵。

2. 第二次攪拌

先用慢速：當原料攪拌均勻成粗糙的麵糰後改用中速或高速至表面呈光滑，最後加油，中速攪拌至麵筋擴展，麵糰用兩手撥開時，麵糰能成很薄的一層薄膜，表示攪拌完成。

3. 攪拌時用冰和水，調整麵糰的溫度，最佳攪拌後的麵糰溫度為26℃，太高或太低均不好。

（二）基本發酵

1. 麵糰在發酵時，每小時平均升高1.1℃左右，通常經過3小時後不會超過30℃。

2. 理想的發酵室溫度為28℃，相對濕度75～80%。

3. 一般麵糰的發酵時間，是根據酵母的用量來決定，通常是使用新鮮酵母3%以下，乾酵母則為1%左右。

（三）延續發酵

麵糰基本發酵的時間分為兩個階段，第一階段從麵糰攪拌好後至第二次攪拌（翻麵）為止。第二階段從第二次攪拌（翻麵）後到分割為止，稱為延續分酵，延續發酵時間的長短，視麵粉筋度而定，筋度愈強，延續發酵時間要增長，具有鬆馳和發酵的效果。

（四）分割和滾圓

將麵糰分割成一定重量大小，再以手工滾圓，目前大型工廠均為機器處理，把麵糰倒入分割機的漏斗內，分割後掉入滾圓機由滾圓機掉入中間發酵室的網狀容器中，進行鬆馳，再由中間發酵室掉入整形機內，調整需要的大小及厚薄，上列機器為連貫作業，一次完成，前後約15～20分鐘。可依實際需要調整快慢。

小博士解說

如果使用顆粒狀的乾酵母時，此乾的酵母必須事先用配方中的一部分水，把酵母全部溶解後約15～20分鐘，再倒入攪拌缸內一齊攪拌，否則乾酵母不經溶解而直接加入其他原料中攪拌時，此顆粒狀的酵母在麵糰中不易溶解，酵母也不能發揮其繁殖和發酵的效果，溶解乾酵母的水量約為酵母量的4～5倍，水溫最好在30～40℃之間，太冷酵母孢子不易萌發，太熱則會把部分的酵母燙死，失去發酵的作用。

（五）中間發酵

分割滾圓好的麵糰組織緊密，筋性強，不易整形處理需要短時間的鬆弛，此段作業流程稱為中間發酵。

（六）整形

麵糰經過中間發酵室完成鬆弛後，掉落在整形機的入口，依麵糰大小，調整厚薄，以利包餡或整形成各種形狀。

（七）裝盤

每盤的數量依麵糰大小做調整，麵糰間要保持適當的距離，至少3公分以上。若為土司麵包，帶鹽的比不帶鹽的要多一點麵糰，過多或過少麵糰，將影響麵包的組織。

（八）最後發酵

最後發酵室的溫、濕度將影響成品的品質，最佳理想溫度為38℃，相對濕度80～85%，發酵時間為50～60分鐘。

（九）烤焙

推出發酵室後，進爐動作要小心，不能振動或碰撞以免塌陷，並盡速進爐，避免發酵過度，麵包因種類大小的不同，所需的溫度與烤焙時間亦不同。

通常相同大小的麵包安排一起烤焙，一般在200～230℃，烤焙時間25～30分鐘左右，烤至表面呈焦黃色兩側金黃色，烘焙麵包的火力，下火較大，上火較小，但也有例外。

（十）冷卻

出爐後的麵包應馬上從烤盤中倒出來，放在乾淨的盤子或輸送帶上，冷卻1～2小時，完全冷卻至室溫，方可切割或包裝。

✚ 知識補充站

1. 新鮮酵母（壓榨酵母）或乾酵母，均需冷藏保存，否則易失活性。
2. 城市小麵包坊的興起，都市空間狹小，空間常不夠使用，冷凍麵糰興起，購買冷凍麵糰之觀念已漸被接受，業者購入解凍後再做表面的裝飾，經最後發酵即可烤焙，節省空間及人力。
3. 冷凍麵糰要培養耐冷品種的酵母，解凍後能迅速恢復活性。
4. 丙酸鈣為合法的防腐劑，最大使用量為0.25%。
   已二烯酸為合法的防腐劑，最大使用量為0.1%。
   苯甲酸為合法的防腐劑，最大使用量為0.1%。
5. 直接發酵法為一次將原料投入，中種發酵法為原料分二次投入（70/30或80/20）。

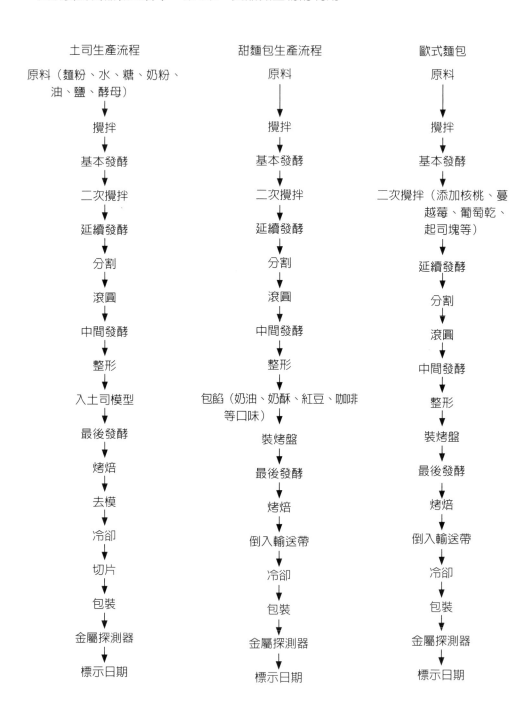

土司生產流程

原料（麵粉、水、糖、奶粉、
　油、鹽、酵母）
↓
攪拌
↓
基本發酵
↓
二次攪拌
↓
延續發酵
↓
分割
↓
滾圓
↓
中間發酵
↓
整形
↓
入土司模型
↓
最後發酵
↓
烤焙
↓
去模
↓
冷卻
↓
切片
↓
包裝
↓
金屬探測器
↓
標示日期

甜麵包生產流程

原料
↓
攪拌
↓
基本發酵
↓
二次攪拌
↓
延續發酵
↓
分割
↓
滾圓
↓
中間發酵
↓
整形
↓
包餡（奶油、奶酥、紅豆、咖啡
　等口味）
↓
裝烤盤
↓
最後發酵
↓
烤焙
↓
倒入輸送帶
↓
冷卻
↓
包裝
↓
金屬探測器
↓
標示日期

歐式麵包

原料
↓
攪拌
↓
基本發酵
↓
二次攪拌（添加核桃、蔓
　越莓、葡萄乾、
　起司塊等）
↓
延續發酵
↓
分割
↓
滾圓
↓
中間發酵
↓
整形
↓
裝烤盤
↓
最後發酵
↓
烤焙
↓
倒入輸送帶
↓
冷卻
↓
包裝
↓
金屬探測器
↓
標示日期

Note

第5章
食品變質與食品微生物

5.1 **食品的變質**

吳伯穗

　　食品的變質顧名思義係指改變食品的本質，概可分爲物理、化學、微生物等三種變化。物理變化例如餅乾裂碎、碳酸飲料氣體逸失、冰品融化爲液汁等，主要是降低食品的官能品質，影響消費者的食慾與購買意願，基本上無害於人體健康。化學變化則由於食品保存不當，遭受外在環境如光、熱、空氣和內在如食品本身所含分解酵素（酶）的作用。微生物變化乃因食品營養豐富，被無所不在的微生物所汙染，造成食品腐敗，甚至產生有害物質（病原菌、毒素）。若不愼誤食，導致食物中毒，將有害於人體健康。化學變化與微生物變化特稱爲食品的腐敗變質。

　　當食品遭受微生物汙染，引起食品的變質，基本上由食品官能品質的改變很容易察覺出來：

1. 色澤：某些微生物於發育過程中會產生菌體色素，包括黃色、褐色、橙色、紅色等，使食品著色，可分爲菌體內色素與菌體外色素兩種。亦有會產生黑色素，導致食品褐變。另外，某些微生物的代謝產物，會與食品成分發生化學變化而色變，例如微生物分解肉中蛋白質，生成的硫化氫代謝產物，與肉中血紅蛋白起化學作用，結合成硫化氫血紅蛋白，產生綠變。
2. 氣味：某些微生物會生成各種異常氣味物質，好壞氣味都有。惟我們所聞到的係多種氣味的綜合，食品變質與否宜依其原有之氣味爲準。
3. 味道：微生物最容易引起食品的味道改變，最常見的有酸味、苦味等。
4. 組織（質地）：
   (1) 液態食品，最常見的包括：混濁、分離、沉澱、變稀、變稠、浮膜等。例如鮮乳變質常呈透明乳清、白色結塊沉澱、濃稠、浮油等。
   (2) 固態食品，最常見的包括：發霉、表面發黏、軟化、腐爛等。

　　食品微生物之所以會引起食品的變質，主要是由於食品的營養成分分解之化學變化所致：

1. 蛋白質：微生物分泌蛋白質分解酶，將食品所含蛋白質成分分解成胺基酸、氨、硫化氫等物質。
2. 脂肪：微生物分泌脂肪分解酶，將食品所含脂肪成分分解成脂肪酸等物質。脂肪酸再與空氣中的氧氣接觸，發生氧化，產生油耗味，俗稱酸敗。
3. 碳水化合物（醣類）：微生物分泌醣類分解酶，將食品所含碳水化合物成分分解成各種有機酸、酒精、醋、二氧化碳等物質。其特色是食品的酸度變高、發酸，俗稱發酵。

小博士解說

1. 食品營養豐富，當然亦是微生物發育所需的養分資源。
2. 一旦遭受微生物汙染，食品就會變質腐敗，微生物亦會因病原菌或分泌毒素，危害人體健康。
3. 食品變質與否藉由官能品質很容易察覺，只要有異常之虞，千萬不要食用，不值得和自己身體健康開玩笑。

食品的變質

	物理變化	化學變化	微生物變化
	如餅乾裂碎、碳酸飲料氣體逸失、水晶融化為液汁等。	食品官能品質的改變: 1. 色澤:食品著色。 2. 氣味:異常氣味。 3. 味道:味道改變。 4. 組織(質地): 　(1)液態食品: 　混濁、分離、沉澱、變稀、變稠、浮膜等。 　(2)固態食品: 　發霉、表面發黏、軟化、腐爛等。	食品的營養成分分解: 1. 蛋白質:分解成胺基酸、氨、硫化氫等物質。 2. 脂肪:分解成脂肪酸、氧化產生油耗味,俗稱酸敗。 3. 碳水化合物(醣類):分解成各種有機酸、酒精、醋、二氧化碳等物質,食品發酸、俗稱發酵。
原因		外在環境和內在分解酵素(酶)的作用。	食品腐敗、產生有害物質(病原菌、毒素)。
影響	降低食品的官能品質,影響消費者的食慾與購買意願。	降低食品的官能品質,影響消費者的食慾與購買意願。	導致食物中毒。
對人體	無害於人體健康。	無害於人體健康。	有害於人體健康。

食品的腐敗變質。

+ 知識補充站

1. 食品變質主要發生在食用前之保存期間,因此食品的保存條件非常重要。
1. 消極面:食品加工時,盡量避免微生物之污染及減絕存在之微生物。
2. 積極面:妥善作好食品的包裝型式、儲存環境、運輸流通,以及行銷期間之保存條件。

5.2 食品變質的基本條件（一）

吳伯穗

　　食品變質主要與食品的本質、汙染微生物的種類與生理功能，以及食品的保存環境（溫度、濕度、氧氣、時間等）有關：

1. 食品的本質

　　食品營養豐富，當適於微生物發育時，即很容易造成食品的腐敗變質。

　　(1) 氫離子濃度（pH值）：食品氫離子濃度高低為影響微生物發育而引起食品變質的重要因素之一。依食品氫離子濃度的高低，可將食品分為：

　　① 低（非）酸性食品：pH值4.6以上，蔬菜類（pH值5～6）及肉類（pH值5～7）屬之，適合於大部分細菌發育。

　　② 酸性食品：pH值4.6以下，水果屬之，pH值約為2～5，適合於大部分酵母菌和黴菌發育。

　　一般而言，微生物發育的最適pH值分別為：細菌，pH值7.0～8.0；酵母菌與黴菌，pH值4.0～6.0；因此食品之pH值3.7以下，引起食品腐敗、產生毒素、中毒的微生物均無法發育。

　　(2) 水分（水活性，Water Activity，簡稱Aw）：食品中的水分可分為2種型式，游離水（自由水，Free Water）、結合水（Bond Water）。食品中的營養成分必須先經分解酶分解成小分子的可溶性物質，溶解於游離水中，微生物才能吸收利用，因此游離水的高低影響微生物發育至鉅。

　　游離水的高低係以水活性（Aw）值表示，食品的水活性值係指某食品於密閉容器內之水蒸氣壓，與同溫度、同氣壓下純水之水蒸氣壓的比值。其公式為：

$Aw = P/P_0$

P：某溫度、氣壓下，某食品之水蒸氣壓。

P_0：同溫度、同氣壓下，純水之水蒸氣壓。

　　當某食品為純水時，則 $P = P_0$，所以純水Aw = 1。食品的水活性值一定介於0～1之間。食品的溶質濃度愈高，水活性值愈低，愈能抑制微生物發育。

　　微生物發育所需之食品水活性值，一般而言，細菌，Aw值0.94以上；酵母菌，Aw值0.88以上；黴菌，Aw值0.80以上；因此當食品之水活性值降到0.75以下，可有較長的保存時間。

　　(3) 滲透壓（Osmotic Pressure）：低滲透壓的食品適於微生物發育，高滲透壓易致微生物脫水死亡。食品加工添加鹽、糖等原料，是提高食品溶質濃度的主要物質，添加量愈多，溶質濃度愈高，水活性值愈低，相對地，滲透壓亦愈高。蜜餞、鹹肉等醃製食品能延長保存時間即是依此原理。

小博士解說

1. 民以食為天！我們當然要攝取營養、衛生的美味飲食。

2. 然而微生物無所不在，無時不刻在與我們搶食。

3. 微生物有些是病原菌，有些會分泌毒素，誤食將致食物中毒，危害我們的健康。

4. 病從口入！每天都在飲食的我們，能不當心乎？美食當前，注意：入口前，停、聞、看！入口後，味道不對，一定要趕快吐掉，記得漱漱口！

食品的本質

1. 氫離子濃度（pH值）：
   (1)低（非）酸性食品：pH值4.6以上，適合於大部分細菌發育。
   (2)酸性食品：pH值4.6以下，適合於大部分酵母菌和黴菌發育。
   微生物發育最適pH值：細菌，pH值7.0～8.0；酵母菌與黴菌，pH值4.0～6.0。
2. 水分（水活性，Aw）：
   微生物發育最適水活性值：細菌，Aw值0.94以上；酵母菌，Aw值0.88以上；黴菌，Aw值0.80以上。
3. 滲透壓：食品加工添加鹽、糖等原料，是提高食品滲透壓的主要物質。

食品變質的基本條件

微生物的種類與生理功能

1. 致病性：病原菌、非病原菌。
2. 孢子：有芽孢、無芽孢。
3. 氧氣：好氣性、厭氣性。
4. 溫度：嗜熱性、嗜溫性、嗜冷性。
5. 酸度：嗜酸性、嗜鹼性。
6. 養分：蛋白質、脂肪、糖類等之分解能力。

食品的保存環境

1. 溫度：20～45℃的嗜溫菌占多數
   (1)低溫：2℃以下，微生物存活生數迅速下降；-10℃以下，僅有少數嗜冷性微生物能夠存活。
   (2)高溫：45℃保蛋白質的變性溫度。高溫加速嗜熱性微生物發育，食品變質時間縮短。
2. 濕度：大氣濕度與食品相互平衡提供微生物發育最適條件，引起食品變質。
3. 氧氣：有氧環境較適於微生物發育、包裝；真空密封或換氣包裝、包裝內置脫氧劑、食品加工添加抗氧化劑等移除氧氣，食品較易變質。
4. 時間：食品放置愈久，食品變質的風險愈高。開封後，務必盡速食用完。

＋ 知識補充站

1. 食品變質主要係源自微生物作祟。但知己知彼、百戰百勝，微生物並不可怕。
2. 只要我們了解微生物的特性，從而妥善調理食品的本質、以及食用前的保存條件，即可確保飲食衛生、身心健康。

5.3 食品變質的基本條件（二）

吳伯穗

2. 微生物的種類與生理功能

微生物汙染是導致食品變質、腐敗、引起食物中毒的主要根源，因此只要食品經妥善處理，如滅菌完全、保存期間不被汙染等，縱使食品本質適合微生物發育，亦不致於變質。而當食品遭微生物汙染，由於微生物的種類與生理功能，導致食品變質亦各有不同。

引起食品變質的微生物主要可概分為細菌、酵母菌、黴菌，基本上依其特性又可細分為各種分類等：

(1) 致病性：病原菌、非病原菌。
(2) 芽　孢：有芽孢、無芽孢。
(3) 氧　氣：好氣性、嫌氣性、厭氣性。
(4) 溫　度：嗜熱性（50～60℃）、嗜溫性（20～45℃）、嗜冷性（10～15℃）。
(5) 酸　度：嗜酸性、嗜鹼性。
(6) 養　分：蛋白質、脂肪、糖類等之分解能力。

生理功能 ＼ 種類	細　菌	酵母菌	黴　菌
蛋白質分解能力	多　數	少　數	多　數
脂肪分解能力	多　數	少　數	多　數
糖類分解能力	少　數	少　數	多　數

註：酵母菌多數均能利用有機酸。

3. 食品的保存環境（溫度、濕度、氧氣、時間等）

食用保存之外在環境，如溫度、濕度、氧氣、時間等，會影響微生物發育，導致食品變質、腐敗、引起食物中毒的重要因素。

(1) 溫度：微生物發育的最適溫度各有不同，其中適於20～45℃的嗜溫菌占多數，因此食品低溫或高溫保存，將可減緩食品變質。

① 低溫：當食品置於低溫保存，食品的水活性值降低，漸呈乾燥狀態；微生物細胞內的水分漸呈冰晶體；細胞質濃縮增黏；種種因素導致微生物發育與新陳代謝活動延緩，甚至死亡，延長食品變質期限。2℃以下，微生物存活數迅速下降；−10℃以下，僅有少數嗜冷性微生物能夠存活，係其體內之分解酶仍有活性；細胞膜不飽和脂肪酸含量較高，呈半流動狀態，仍能傳遞物質。

② 高溫：45℃係蛋白質的變性溫度，微生物處於45℃以上高溫，體內蛋白質所構成的分解酶會變性失活、細胞膜破裂而加速死亡。仍能存活的嗜熱性微生物乃因其分解酶之熱穩定性較強，且細胞膜富含飽和脂肪酸，高溫下可保持穩定功能。由於高溫加速微生物發育與新陳代謝活動，致使食品變質時間縮短。

(2) 濕度：食品逕自暴露於大氣環境中保存，大氣濕度會與食品相互平衡而影響食品游離水含量與水活性值，進而提供微生物發育最適條件，引起食品變質。例如脫水食品儲於高濕環境，因吸濕以助於微生物發育及食品變質。此即梅雨季節，暴露的糧食等食品容易受潮、發霉的緣故。因此食品應密封包裝以隔絕外界濕氣。

(3) 氧氣：微生物發育對於空氣（氧氣）各有所需。需氧氣者屬好氣性；氧氣有無均能發育者為嫌氣性；須於無氧狀況下方能發育者稱厭氣性。基本上有氧環境較適於微生物發育，食品較易變質，反之變質較緩。因此食品保存宜真空密封或換氣（氮氣或二氧化碳等充填）包裝以移除氧氣，或包裝內置脫氧劑、食品加工時添加抗氧化劑等。

(4) 時間：食品均有保存期限，放置愈久，擔負微生物發育以致食品變質的風險愈高。應依正常的保存環境，有效期限內食用，尤其是開封後，務必盡速食用完，以免危及身體健康。

食品的本質

1. 氫離子濃度（pH值）：
(1)低（非）酸性食品：pH值4.6以上，適合於大部分細菌發育。
(2)酸性食品：pH值4.6以下，適合於大部分酵母菌和黴菌發育。
微生物發育最適pH值：細菌，pH值7.0～8.0；酵母菌與黴菌，pH值4.0～6.0。
2. 水分（水活性，Aw）：
微生物發育最適水活性值：細菌，Aw值0.94以上；酵母菌，Aw值0.88以上；黴菌，Aw值0.80以上。
3. 滲透壓：食品加工添加鹽、糖等原料，是提高食品滲透壓之主要物質。

微生物的種類與生理功能

1. 致病性：病原菌、非病原菌。
2. 芽孢：有芽孢、無芽孢。
3. 氧氣：好氧性、嫌氣性、厭氣性。
4. 溫度：嗜熱性、嗜溫性、嗜冷性。
5. 酸度：嗜酸性、嗜鹼性。
6. 養分：蛋白質、脂肪、糖類等之分解能力。

食品變質的基本條件

食品的保存環境

1. 溫度：20～45℃的嗜溫菌占多數。
(1)低溫：2℃以下，微生物存活活數迅速下降；-10℃以下，僅有少數嗜冷性微生物能夠存活。
(2)高溫：45℃係蛋白質的變性溫度。高溫加速嗜熱性微生物發育，食品變質時間縮短。
2. 濕度：大氣濕度與食品相互平衡提供微生物發育最適條件，食品較易變質。
3. 氧氣：有氧環境較適於微生物發育，食品較易變質。移除氧氣：真空密封或換氣包裝，包裝內置脫氧劑、食品加工添加抗氧化劑等。
4. 時間：食品放置愈久，食品變質的風險愈高。開封後，務必盡速食用完。

＋ 知識補充站

1. 食品變質主要係源自微生物作祟。但知己知彼，百戰百勝，微生物並不可怕。
2. 只要我們了解微生物的特性，從而妥善調理食品的本質，以及食用前的保存條件，即可確保飲食衛生、身心健康。

5.4 乳及乳製品的腐敗變質（一）

吳伯穗

　　眾所周知，鮮乳營養豐富、容易消化吸收，營養價值很高，當處理不慎，很容易孳生微生物而腐敗變質。因此從乳牛身上擠乳的那一刻開始，每一加工環節、保存、到食用之間，都要做好乳及乳製品衛生管理，以確保消費者健康。

1. 生乳之微生物汙染途徑

　　微生物無所不在，乳牛乳房的皮膚、體毛、沾黏的飼料、糞便，以及乳頭的乳管內等，均含有大量的各種微生物。因此乳房的衛生管理非常重要，隨時要修剪體毛，洗刷去除附著的飼料與糞便。

(1) 擠乳前之汙染

　　乳牛在擠乳之前，特別要先清洗乳房與乳頭。由於清洗的動作猶似在按摩，有刺激乳牛泌乳的生理反應，似如望梅止渴，可以增加泌乳量，特稱之為下乳（let down）。有時還播放小牛的叫聲或輕音樂，均有相同的效果，當然亦能安撫乳牛及工作人員的情緒。

　　乳牛乳房最常見感染乳房炎（Mastitis）疾病，依規定治療期間，乳房炎乳是禁止供食，以避免微生物與抗生素殘留的危害。

(2) 擠乳時之汙染

　　基本上健康乳牛的乳腺所分泌的乳汁應是無菌的，但由於乳頭的乳管內含有大量的微生物，因此擠乳時需先擠出幾把乳汁並丟棄，既可去除最初微生物汙染最多的乳汁，亦有藉以沖洗乳管的效果。現階段均採密閉式的擠乳設備進行擠乳（Milking in Pipe），以杜絕牛舍空氣中飄浮塵埃、乳牛體表各種異物、工作人員接觸、以及其他如體毛、飼料、水、糞便、地面、蚊蠅、參觀者等可能的汙染。當然擠乳及儲乳等相關設備，凡接觸乳汁之各項用具均需徹底洗淨及滅菌，常見者稱之為CIP（clean in pipe）處理，以預防第二次微生物汙染（secondary contamination）。

(3) 擠乳後之汙染

　　擠乳後之乳汁稱之為生乳（raw milk），儲乳設備需具約4°C低溫冷藏功能，以減緩難免仍有汙染之微生物發育。生乳應盡速送往乳品廠加工，運輸過程亦須維持密閉低溫冷藏（cold chain）系統，以確保生乳之衛生安全。

生乳之微生物汙染途徑

1. 擠乳前之汙染

(1) 清洗乳房與乳頭——下乳。
(2) 乳房炎乳是禁止供食。

2. 擠乳時之汙染

(1) 健康乳牛的乳腺所分泌的乳汁應是無菌的。
(2) 最初乳汁微生物汙染最多，擠出丟棄，亦沖洗乳管。
(3) 密閉式的擠乳設備。
(4) 擠乳設備均需簡底洗淨及滅菌：CIP。

3. 擠乳後之汙染

(1) 儲乳設備需具低溫冷藏功能。
(2) 生乳低溫冷藏運輸，盡速送乳品廠加工。

＋ 知識補充站

1. 好的原料才能做出好產品。乳及乳製品的衛生安全必須從乳牛擠出乳汁之源頭開始做起。

2. 生乳原料一出母體、舉凡儲存、運輸，及到加工廠盡速製造前之準備，整個過程均須維持在低溫冷藏的條件，以減緩微生物發育。

3. 乳及乳製品行銷期間宜做好保存條件，稍有疏忽即給予微生物發育有機可乘，以致腐敗變質、危及人身健康，能不當心乎！

4. 乳及乳製品腐敗變質與否，其實很容易由產品的官能品質加以判斷，只要食用前稍加觀察，即可確保食用安全。

5.5 乳及乳製品的腐敗變質（二）

吳伯穗

2. 乳及乳製品的腐敗變質

(1) 鮮乳（市乳，Fresh Milk，CNS 3056）：

鮮乳很適合各種微生物發育，但仍以細菌類爲主。導致鮮乳腐敗變質包括：

① 產酸，鮮乳凝固：係主要之鮮乳腐敗變質，約占80%。汙染之微生物爲乳酸鏈球菌屬（Streptococcus）與乳酸桿菌屬（Lactobacillus）。該菌發育會分解鮮乳之醣類營養素，進行乳酸發酵，產生乳酸。當酸度達pH值4.6（蛋白質等電點）時，即造成鮮乳蛋白質均勻凝固。

② 產酸、產氣，鮮乳凝固：汙染之微生物如大腸桿菌屬（Coliform）等，會分解鮮乳之醣類營養素，除乳酸外，並有二氧化碳等氣體產生。使鮮乳凝固，分離、下沉及多孔氣泡，或有不好的臭味，由於大腸桿菌屬源自糞便，依規定視爲鮮乳衛生汙染之指標。

(2) 奶油（原稱乳酪，Butter，CNS 2877）：

奶油係由生乳經殺菌、乳脂分離（cream seperating）、攪動（churning）、提煉（壓練，working）等加工過程製成之產品，其主要成分包括：乳脂肪80%以上，水分16%以下，非脂肪乳固形物2%以下，食鹽2%以下。當加工製程或儲存條件不良，汙染微生物時，常見以下之腐敗變質：

① 酸敗：汙染之微生物分解乳脂肪成分爲有機酸（丁酸、己酸）與甘油，造成奶油酸敗，發酸且臭之氣味。

② 異味：汙染之微生物分解乳脂肪之卵磷脂成分，生成三甲胺，具魚腥味。

③ 變色：正常奶油應呈明亮均勻之乳白或乳黃色，汙染之微生物會引起奶油生成紫色、紅色、黑色等顏色變化。

④ 發霉：當汙染黴菌時，尤其在潮濕情況下，會引起霉變。

(3) 食用再製乾酪（起司，Edible Processed Cheese，CNS 2879）：

食用再製乾酪係由一種或多種天然乾酪，經細碎、混合、加熱、攪拌、溶解、乳化等加工過程製成之產品。汙染微生物時，常見以下之腐敗變質：

① 膨脹：汙染之微生物發酵分解乳糖，產酸、產氣，致使乾酪膨脹，伴隨不良氣味。

② 苦味：汙染之微生物發酵分解蛋白質，使乾酪產生不良的苦味。

③ 色斑：乾酪表面出現鐵銹樣之紅色斑點、黑斑或藍斑，係某些細菌或黴菌所致。

④ 腐敗：乾酪表面或整塊呈黏液狀，帶有不良氣味。

⑤ 發霉：黴菌汙染，引起霉變。

乳及乳製品的腐敗變質

1. 鮮乳

(1)產酸、鮮乳凝固：主要之鮮乳腐敗變質，約占80%。發酵分解醣類，產生乳酸，酸度達pH值4.6，蛋白質均勻凝固。
(2)產酸、產氣、鮮乳凝固：大腸桿菌屬源自糞便，為鮮乳遭生汙染之指標。發酵分解醣類，產生乳酸及二氧化碳、蛋白質凝固。分離、下沉及多孔氣泡、或有不好的臭味。

2. 奶油

(1)酸敗：發酵分解乳脂肪為有機酸、奶油酸敗、發酸且臭之氣味。
(2)異味：發酵分解蛋白卵磷脂、生成三甲胺、具魚腥味。
(3)變色：乳白或乳黃色奶油生成紫色、紅色、黑色等顏色。
(4)發霉：黴菌引起霉變。

3. 食用再製乾酪

(1)膨脹：發酵分解乳糖、產酸、產氣、乾酪膨脹、不良氣味。
(2)苦味：發酵分解蛋白質、產生不良的苦味。
(3)色斑：乾酪表面出現鐵銹之紅色斑點、黑斑或藍斑。
(4)腐敗：乾酪表面或整塊呈黏液狀、不良氣味。
(5)發霉：黴菌引起霉變。

4. 蒸發乳

(1)凝乳結塊、乳清分離：發酵分解乳糖、產酸、蛋白凝乳（固）、分離。
(2)膨罐（包）：發酵產生氣體、密封產品膨脹、脹破、有腐敗性氣味。
(3)苦味：分解蛋白質生成如胺、醛等之苦味物質。

5. 煉乳

(1)膨罐（包）：酵母菌發酵分解蔗糖、產氣及降低低糖濃度。產氣性細菌發酵產氣、密封產品膨脹、脹破。
(2)變稠凝固：發酵分解蔗糖、生成有機酸和凝乳酶、變稠凝固。
(3)鈕扣狀凝塊：罐內殘留空氣、黴菌發育、煉乳表面形成鈕扣狀顆粒凝塊

6. 乳粉（奶粉）及乳脂肪粉

包裝不良、接觸空氣、吸濕受潮結塊、腐敗變質。

5.6 乳及乳製品的腐敗變質（三）

吳伯穗

(4) 蒸發乳（淡煉乳，奶水，Evaporated Milk，CNS 2342）：

蒸發乳係將生乳脫除部分水分所製成之液態乳製品，約2～2.5份生乳濃縮成1份的蒸發乳。當加工過程如滅菌不完全或漏罐，汙染微生物發育時，亦常見以下之腐敗變質：

① 凝乳結塊，乳清分離：汙染之微生物發酵分解乳糖，產酸，致使蛋白質凝乳（固）、分離。

② 膨罐（包）：汙染之微生物發酵產生氣體，使密封包裝之產品膨脹、進而脹破。若屬蛋白質分解者，會產生硫化氫氣體而有腐敗性氣味。

③ 苦味：主要係因微生物分解蛋白質生成如胺、醛等之苦味物質。

(5) 煉乳（Condensed Milk，CNS 1347）：

煉乳係將生乳脫除部分水分，加糖、濃縮所製成之產品。蔗糖添加量約為生乳的16%，約2.5份生乳濃縮成1份煉乳，因此煉乳的蔗糖含量約40～45%，煉乳的滲透壓提高、水活性降低，足以抑制微生物發育而延長保存期限。且封罐後不需再經高溫滅菌處理。惟若生乳、蔗糖等原料殺菌不完全或加工過程中遭微生物第二次汙染，仍將致腐敗變質，常見的有：

① 膨罐（包）：若汙染某些酵母菌發酵分解蔗糖，產氣及降低蔗糖濃度，而有利於某些產氣性細菌發酵產氣，以致密封包裝膨罐。

② 變稠凝固：某些微生物發酵分解蔗糖，生成乳酸等有機酸和凝乳，以致煉乳變稠凝固。

③ 鈕扣狀凝塊：若罐內殘留有空氣，當汙染某些黴菌發育，會於煉乳表面形成白色、黃色、或紅褐色之鈕扣狀顆粒凝塊。

(6) 乳粉（奶粉）及乳脂粉（Milk Powders and Cream Powder，CNS 2343）：

乳粉係將生乳，或脫脂後，直接脫除水分所製成之粉末狀產品。其水分含量5%以下，可以抑制微生物發育。惟當包裝不良，接觸空氣，則易吸濕受潮結塊，汙染微生物發育，以致腐敗變質。

小博士解說

1. 其實，並不是所有的微生物均有害於人體健康。
2. 我們所熟知，廣受喜愛的乳酸飲品（如養樂多、可爾必思等）、優酪乳、優格、上述之乾酪以及源自高加索地區之KEFIR等，均是應用微生物發育，發展出來的發酵乳製品。
3. 其營養成分經微生物分解成更有助於人體消化吸收，口味等官能品質更受人們喜愛，所含的微生物活菌更有助於體內抑菌整腸——特稱為益生菌（Probiotics）。
4. 該類產品有助於人體健康，經臨床驗證，特稱為健康食品。

乳及乳製品的腐敗變質

1. 鮮乳

(1)產酸、鮮乳凝固：主要之鮮乳腐敗變質，約占80%。
發酵分解醣類，產生乳酸。產酸過度達pH值4.6，蛋白質均勻凝固。
(2)產酸、產氣、鮮乳凝固：大腸桿菌屬源自糞便，為鮮乳滋生污染之指標。
發酵分解醣類，產生乳酸及二氧化碳。
蛋白質凝固，分離。下沉及多孔氣泡，或有不好的臭味。

2. 奶油

(1)酸敗：發酵分解乳脂肪為有機酸、奶油酸敗、發酸且臭之氣味。
(2)異味：發酵分解蛋白質，生成三甲胺，具魚腥味。
(3)變色：乳白或乳黃色奶油生成紫色、紅色、黑色等顏色。
(4)發霉：黴菌引起霉變。

3. 食用再製乾酪

(1)膨脹：發酵分解乳糖、產酸、產氣、乾酪膨脹、不良氣味。
(2)苦味：發酵分解蛋白質，產生不良的苦味。
(3)色斑：乾酪表面出現鏽鐵塊錟樣之紅色斑點、黑斑或藍斑。
(4)腐敗：乾酪表面或整塊呈黏液狀、不良氣味。
(5)發霉：黴菌引起霉變。

4. 蒸發乳

(1)凝乳結塊、乳清分離：發酵分解乳糖、產酸、蛋白質凝乳（固）、分離。
(2)膨罐（包）：發酵產生氣體、密封產品膨脹、脹破、有腐敗性氣味。
(3)苦味：分解蛋白質生成如氨、醛等之苦味物質。

5. 煉乳

(1)膨罐（包）：酵母細菌發酵分解蔗糖、產氣及降低蔗糖濃度。
產氣性細菌發酵分解蔗糖、密封產品膨脹、脹破。
(2)變稠凝固：發酵分解蔗糖、生成有機酸和凝乳、變稠凝固。
(3)鈕扣狀凝塊：罐內殘留空氣、黴菌發育、煉乳表面形成鈕扣狀顆粒凝塊、腐敗變質。

6. 乳粉（奶粉）及乳脂粉

包裝不良，接觸空氣，吸濕受潮結塊，腐敗變質。

5.7 肉類食品的腐敗變質

吳伯穗

正常飼養管理下，健康禽畜的肌肉組織內層應是無菌，惟屠宰後之屠體表層基本上均汙染有微生物存在。其來源概可分為內源性與外源性兩種：

1. **內源性微生物**：禽畜屠宰後，體內如消化、呼吸、排泄等與外界相通之各系統，所含之微生物很容易就汙染到屠體表層。某些老弱或帶病之禽畜由於抵抗力差，微生物甚至會入侵屠體內層。

2. **外源性微生物**：禽畜於屠宰過程中，與屠體接觸之外界環境如操作人員、用水、器具、落塵、輸送等均可能帶來微生物汙染。

剛屠宰之禽畜，屠體溫度約37～39℃，正適合微生物發育，因此務必立即輸入冷藏庫，降溫冷卻、體表乾燥及冷藏保存以減緩之。

肉類行銷過程中，其上附著之汙染微生物一直在持續發育，逐漸造成腐敗變質。究其原理，乃肉類蛋白質、脂肪、碳水化合物等營養素遭表層之好氣性微生物分解所致，並逐漸滲入內層之厭氣性微生物發育。

　(1)蛋白質分解不但會破壞營養素，並生成胺、氨、硫醇、硫化氫、吲哚（Indole）、糞臭素（Skatole）等各種臭味物質，甚至分泌毒素。

　(2)脂肪分解成脂肪酸和甘油，脂肪酸氧化酸敗（rancidity），產生臭油埃味，進而生成醛、酮等類之化合物。

　(3)碳水化合物分解成各種低碳酸類之有機酸，發酸發臭。

1. **在有氧情況下，表層的好氣性微生物發育旺盛，引起如下之肉類腐敗變質**

　(1) 發黏：不同的溫度、濕度下，各有適宜之好氣性微生物發育，產生黏液。

　(2) 變色：正常畜肉的鮮紅色，因微生物發育生成過氧化物、硫化氫等氧化物質，轉變成褐色、綠色、灰色等顏色；某些微生物亦會產生色素，使畜肉變藍、變黃、色斑等。

　(3) 磷光：係某些會發磷光的細菌在肉類表面發育的緣故。

　(4) 絨毛菌絲：汙染黴菌發育，長出白色絨毛狀之營養菌絲體。

　(5) 脂肪酸敗：分解脂肪，加速脂肪氧化、酸敗。

　(6) 惡臭、變味：主要是蛋白質的腐敗臭味、脂肪酸敗揮發性酸味、或霉味變質。

2. **在無氧情況下，內層之嫌氣性與厭氣性微生物發酵，引起肉類腐敗變質**

　(1) 發酸：主要是碳水化合物分解成各種低碳酸類之有機酸。

　(2) 腐爛：主要是蛋白質分解，伴隨產生胺、氨、硫醇、硫化氫、吲哚、糞臭素等異味物質。

小博士解說

1. 我們一再強調，一定要冷藏保存以延緩肉類食品的腐敗變質。惟環視現行傳統市場，均採常溫銷售，其衛生品質實令人擔憂。

2. 所幸消費者購回後，均會盡速調理食用或凍藏保存。而肉攤當日未售出所剩少量之肉類，均會冷藏或調理製成如香腸等肉製品。

3. 若能早日消費者意識抬頭，破除迷信溫體肉或黑毛豬肉較好，實施源頭管理，於屠宰場所即進行屠體分級、分切包裝，如量販店或生鮮超市之冷藏輸送行銷，則更能確保肉類產品之食的安全。

微生物來源

1. 內源性微生物：消化、呼吸、排泄等系統之微生物污染。
2. 外源性微生物：屠宰環境之微生物污染。

腐敗變質原理

1. 蛋白質分解：生成胺、氨、硫醇、硫化氫、吲哚、糞臭素等臭味物質，甚至分泌毒素。
2. 脂肪分解：分解成脂肪酸和甘油，脂肪酸氧化酸敗，產生臭油埃味，進而生成醛、酮等。
3. 碳水化合物分解：分解成各種低碳酸類之有機酸，發酸發臭。

肉類食品的腐敗變質

1. 有氧情況下之肉類腐敗變質

(1)發黏：微生物發育，產生黏液。
(2)變色：正常畜肉的鮮紅色。

微生物發育的過氧化物、硫化氫等氧化物質，轉變成褐色、綠色、灰色等顏色；某些微生物亦會產生色素，使畜肉色素變黃、變藍、色斑等。

(3)磷光：發磷光的細菌在肉類表面發育的緣故。
(4)絨毛菌絲：黴菌發育出白絨毛狀之營養菌體。
(5)脂肪酸敗：分解脂肪，加速腐敗的脂肪氧化、酸敗。
(6)惡臭：變味。蛋白質的腐敗臭味、脂肪酸酸敗軍發性酸味、或霉味變質。

2. 無氧情況下之肉類腐敗變質

(1)發酸：碳水化合物分解成各種低碳酸類之有機酸。
(2)腐爛：蛋白質分解，伴隨產生胺、氨、硫醇、硫化氫、吲哚、糞臭素等異味物質。

＋ 知識補充站

1. 生鮮肉類食品遭受微生物經由各種道而汙染，自是無法避免。
2. 肉類食品的腐敗變質係因微生物發育分解各種營養素產生各種有害物質所致。
3. 如何預防肉類食品的腐敗變質實是供需雙方應有共識的課題。

5.8 蛋類食品的腐敗變質

吳伯穗

　　健康母禽的卵巢、輸卵管均是無菌的，所生禽蛋的內容物基本上亦是無菌的。就從下蛋的那一刻起，體內之輸卵管末端、排泄腔，以及體外之糞便、飼料、泥土、塵埃等，都是微生物的汙染源：

1. 源自母禽自體：當母禽不健康，自體免疫防衛系統失調，微生物由肛門入侵生殖器官帶來汙染。
2. 外界汙染：蛋殼表面沾黏禽糞、汙泥等多水分之汙物，其上之微生物逐經氣孔入侵蛋內。

　　禽蛋具有多重的微生物防護機制：

1. 蛋殼表面有一層膠質護層，可防止微生物的入侵及蛋內水分、二氧化碳等氣體的蒸發。當水洗清除汙物時，反而將其破壞，因此多以石蠟等礦物性油塗佈之。
2. 蛋白中含有溶菌酶（Lysozyme）之卵球蛋白成分，可以抑菌、溶菌、殺菌。
3. 新鮮蛋白為pH值約7.6（7.3～8.8）之微鹼性物質，隨儲存期間之二氧化碳蒸發，愈呈鹼性，不適宜微生物發育。

　　蛋類食品的腐敗變質主要有兩種：

1. 腐敗：蛋中發現的細菌大多為腐敗菌，發酵分解各種營養素，產生難聞的惡臭而腐敗。
   (1) 綠腐病：蛋白質腐敗初期，局部蛋白呈淡綠色；逐漸擴大至全部蛋白呈灰綠、淡黃色，蛋黃則因將其固定於中央位置之繫帶（chalazae）斷離而移位。
   (2) 散黃蛋：蛋黃膜破裂，蛋黃流出，與蛋白混成濁液，稱之。
   (3) 黑腐病：蛋黃中的核蛋白與卵磷脂分解，產生惡臭氣味之硫化氫等物質，內容物呈黑色、暗黑色。
   (4) 紅腐病：有時蛋液呈酸臭、紅色之腐敗變質，稱之。
   (5) 爆裂：最後因累積過多氣體而爆裂，流出含大量腐敗菌之惡臭蛋液。
2. 霉變：好氣性的黴菌菌絲會由氣室入侵，形成斑點，逐漸擴散、分解，形成蛋液黏殼及不悅霉臭。

小博士解說

1. 蛋類食品是我們日常膳食中最普遍、最受喜愛的營養食品，您可知道台灣一年雞蛋消費高達約68億個。有句話說：雞蛋從外面打破是食品，從裡面打破是生命，可見其營養豐富。
2. 蛋白中含有抗生物素蛋白（Avidin）之成分，會與3倍量之生物素（Biotin，俗稱維生素H）相結合，使之不易吸收而引起生物素缺乏症。當加熱85℃、5分鐘，抗生物素蛋白會被破壞，生物素即可分離而恢復活性化，因此建議不宜生吃禽蛋。

微生物的汙染源

1. 源自母禽自體：微生物由母禽肛門入侵生殖器官帶來汙染。
2. 外來汙染：蛋殼表面沾黏禽糞、汙泥等，微生物逕經氣孔入侵蛋內。

禽蛋的微生物防護機制

1. 蛋殼表面的膠質護層。
2. 蛋白的溶菌酶（Lysozyme）。
3. 蛋白為微鹼性物質。

蛋類食品的腐敗變質

1. 腐敗：大多為腐敗性細菌，發酵分解營養素，產生難聞的惡臭而腐敗。
   (1)綠腐病：蛋白質腐敗初期，局部蛋白呈淡綠色。
   (2)散黃蛋：蛋黃膜破裂，蛋黃流出，與蛋白混成濁液。
   (3)黑腐病：蛋黃中的核蛋白與卵磷脂分解，產生惡臭硫化氫，呈黑色、暗黑色。
   (4)紅腐病：蛋液呈酸臭，紅色之腐敗變質。
   (5)爆裂：累積過多氣體而爆裂，流出含大量腐敗菌之惡臭蛋液。
2. 霉變：好氣性的黴菌菌絲會由氣室入侵，形成斑點、逐漸擴散、分解、蛋液黏殼及不悅霉臭。

✛ 知識補充站

1. 傳統的蛋類食品並不經過洗選、分級，且蛋殼非常脆弱，很容易碰裂而汙染，為維護消費者食的衛生，政府非常積極推廣「洗選蛋」上市。
   其流程為：供蛋→外觀檢查→洗淨→風乾→（油蠟處理）→照蛋檢查→分級→包裝→出貨（產品上市）。
2. 禽蛋呈橢圓形，鈍端具有氣室。剛下蛋時，蛋溫約41℃，鈍端原本幾無氣室。隨溫逐漸冷卻至室溫，熱漲冷縮，內側蛋殼膜剝離才形成氣室。儲存期間鈍端氣室會朝上，以利水分、二氧化碳等氣體的蒸發，氣室逐漸變大，亦可精為判斷禽蛋新鮮與否的指標。

5.9 罐頭食品的腐敗變質（一）

黃種華

（一）內容物pH值與殺菌溫度及腐敗細菌

罐頭內容物若是酸性，殺菌時間可較中性罐頭爲短。因罐頭內容物之氫離子濃度，對罐頭內部細菌影響甚大。殺菌之溫度一定時，氫離子濃度與殺菌時間關係：

pH	80°C	90°C	99°C
3.0	8小時14分	1小時39分	10.5分
4.3	16小時27分	2小時36分	15.5分
6.3	26小時0分	7小時12分	51分
6.6	49小時0分	7小時12分	52分

註：上表是Ort氏（1918）曾研究Bac. pseudotetanicus之芽孢加熱致死時間，因pH不同對殺菌時間有很大差別。

1. 依內容物酸性pH 5.3以上之低酸性食品

食品項目：豌豆、玉米、扁豆、馬鈴薯、洋菇等。

腐敗菌屬：高溫蘭屬：平酸菌，高溫嫌氣菌會產氣，硫化氫腐敗菌會產硫化氫；中溫菌屬：腐敗性嫌氣菌會產氣，好氧性芽孢菌。

2. pH 4.5～5.3之中酸性食品

食品項目：菠菜、綠豆、蘆筍、甘薯、甜果等。

腐敗菌屬：與低酸性食品略同，只是高溫嫌氣菌比平酸嫌氣菌重要。

3. pH 4.5以下之高酸性食品

食品項目：番茄汁、梨、香蕉、蘋果汁、鳳梨、百香果汁等。

腐敗菌屬：芽孢菌，產酸平酸菌、丁酸型嫌氣菌。非芽孢菌：乳酸桿菌、酵母、黴菌等。

（二）主要腐敗菌引起的腐敗症狀：

1. 非酸性食品（pH 4.5以上）

(1) 平酸菌：平罐：貯藏中可能失去眞空度。

內容物：外觀不常見改變，pH顯著降低爲酸性，可能有異味發生，有時液汁混濁。

(2) 高溫嫌氣菌：膨罐，可能爆裂開。

內容物：發酵樣，酸變乳酪樣或丁酸氣味。

(3) 硫化氫腐敗：平罐，硫化氫已被罐中內容物吸收。

內容物：常見黑變及腐敗蛋味。

(4) 好氧性芽孢菌：平罐，一般不膨罐，除非含有硝酸與糖分之碎肉罐頭。

內容物：煉乳引起凝固。

2. 酸性食品（pH 4.5以下）

(1) B. coagulans, B. thermoacidurans（平酸番茄汁）：平罐，真空度不變。

內容物：pH稍有降低，味已改變。

(2) 丁酸型嫌氣菌：番茄、番茄汁、梨等。膨罐，經常炸開。

內容物：發酵樣，丁酸味

(3) 非芽孢菌（多數為乳酸型）：膨罐，少見炸開例，經常為軟膨罐或彈性罐。

內容物：有酸味。

(4) 酵母：膨罐，可能炸開。

內容物：發酵樣，酵母樣氣味。

(5) 黴菌：平罐：表面生長。

內容物：發霉味。

3. 非酸性食品常見細菌腐敗之鑑別

(1) 因殺菌不完全

罐頭外觀：呈平罐或膨罐，封蓋捲封正常。

罐內容物：呈稀薄或發酵樣。

氣味：正常酸味或腐爛樣，各罐情形不一致。

鏡下和培養觀察，芽孢桿菌可被培養出來，在特殊培養基以37℃或55℃可生長。

成品分布情形：腐敗罐常限於貨品堆中之某一部分。

(2) 漏罐：捲封不完全。

罐頭外觀：經常膨罐，可查出缺點原因。

罐內容物：走泡性發酵，液呈黏稠狀。

氣味：酸，有糞便味，一般各罐之間有差異。

鏡下和培養觀察：常見桿菌和球菌混在一起，只在常溫生長。

成品分布情形：腐敗例屬於散發性。

小博士 解說

罐頭選購時，除註明外標紙各項標示外，並要看看外觀是否有鏽斑；罐底、罐蓋有否凸起；罐身有否凹痕；罐蓋捲封有否平穩良好。要選擇外觀亮麗乾淨罐頭。

開罐後先聞聞味道，要有內容物之香味，而無異味或酸臭味。最好一次食完，否則應倒入磁器或玻璃器皿，放進冰箱冷藏，並盡早用完。

罐頭檢查程序（一）

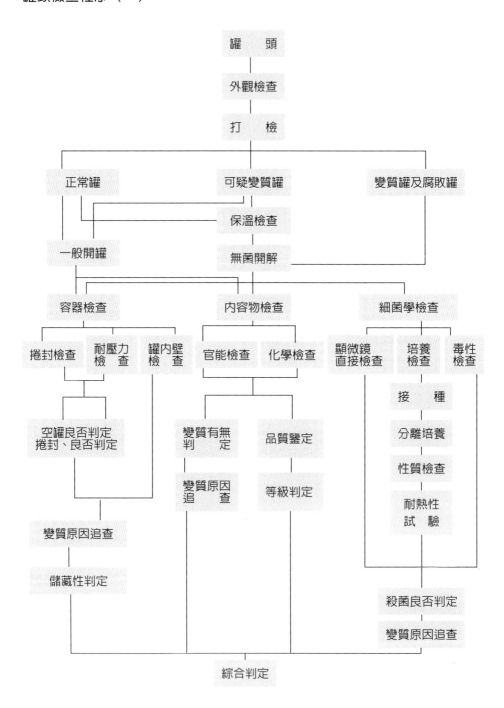

Note

5.10 罐頭食品的腐敗變質（二）　　黃種華

（三）罐頭食品殺菌條件之訂定

1. 商業性殺菌

罐頭經殺菌後，殘存細菌，孢子不再發生繁殖腐敗作用，是謂「商業性殺菌」，而非提高溫度或延長時間，將細菌孢子完全殺滅。如是「完全殺菌」。提高溫度或延長殺菌時間，可能使內容物質劣化，營養分損失，食品也失其商業價值。

2. 殺菌溫度與時間之訂定

任何罐頭先經熱滲透試驗及接種可能發生腐敗膨罐之細菌試驗，然後計算用多少殺菌值（Fo Value），再經過多次製造試驗，並做保溫試驗，來決定適當殺菌溫度與時間。

3. 保溫試驗

台灣規定生產工廠需自行保溫食品罐頭，pH 4.6以下，酸性罐頭37℃保溫14天，低酸性罐頭pH 4.6以上罐頭，37℃保溫14天，55℃保溫10天。如發現有膨罐情事，再抽樣保溫。

37℃保溫（人類體溫37℃）甚適宜有害健康細菌繁殖。中溫性細菌Mesophilie及假高溫性細菌Facultetive Thermophile適宜此溫度。低酸性食品，在37℃保溫溫度發生膨罐，肉毒桿菌有存在可能，需再試驗確認。

55℃保溫10天，發生高溫細菌Thermophile膨罐，應加強工廠原料場所衛生管理。罐頭殺菌後要充分冷卻，貯存於涼冷場所。酌量提高殺菌溫度或延長時間，即可減少腐敗發生。高溫性細菌孢子殘存在罐中，該菌無毒性，不影響健康，室溫條件下，不發生膨罐。

（四）肉毒桿菌

肉毒桿菌（Clostridium botulinum）為帶孢子細菌，革蘭氏陽性，有鞭毛，厭氣，生芽孢pH 4.6～9.0，溫度25～42℃。細菌本身無毒，但使食物腐敗。分泌毒素極毒——神經毒素，人類半致死量40 iu/kg。該菌分布於自然界各處，土壤、湖水、河水、動物排泄物等。

此種細菌又名腐敗性嫌氣菌（Putrefactive anaerobe）最適宜溫度30～35.6℃，其孢子抗熱性強，可能生長在蔬菜（番茄除外）、肉類、魚類、禽類，製造這些罐頭，必需設計消滅此種細菌孢子。控制方法有：

1. pH控制在4.6以下，用沸水即可達到殺菌目的。
2. 食鹽含量在7%以上，該菌不能生長。
3. 減低水分：水分在25～30%或水活性0.85以下，該菌不容易生長。

食品加工中混入菌體或芽孢，未予以冷凍或殺菌溫度不足，如家庭自製之醃菜、魚肉類、香腸、火腿、燻魚、真空包豆乾等，都有可能受其汙染。香腸、火腿中添加酌量硝酸鹽或亞硝酸鹽可以抑止肉毒桿菌滋生。

（五）平酸腐敗

罐頭內食品因平酸細菌（Flat sour bacteria）作用，產生乳酸，呈酸味而腐敗。常見於低酸性或中酸性罐頭中，引起腐敗細菌都屬於芽孢桿菌屬，統稱中酸菌，最適宜pH 6.8～7.2。在自然界中分布很廣，主要存在土壤中，農產品原料常受汙染，因此食品工廠必須有充分水量洗滌原料減少汙染，殺菌時間溫度要嚴密控制，殺菌完成後冷卻要迅速，避免中高溫性芽孢細菌繁殖。

細菌繁殖與環境因素

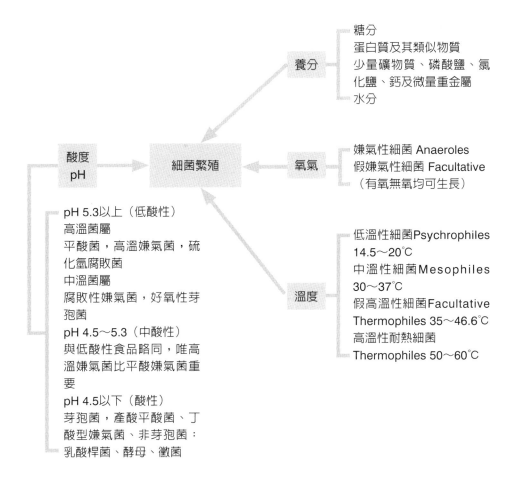

5.11 食物中毒

徐維敦

（一）食物中毒的定義

因進食被病原菌或其他毒素或有毒化學物質所汙染的食物引起的疾病，稱為食物中毒。

二人或二人以上進食相同的食物而發生相似的症狀，則稱為一件食物中毒案件。

如因肉毒桿菌毒素而引起中毒症狀且自人體體檢驗出肉毒桿菌毒素，由可疑的食物檢體檢測到相同類型的致病菌或毒素，或經流行病學調查推論為進食食物所造成，即使只有一人，也視為一件食物中毒案件。

如因進食食物造成急性中毒（如化學物質或天然毒素中毒），即使只有一人，也視為一件食物中毒案件。

（二）食物中毒的分類

1. 細菌性食物中毒：因所進食食物受致病性細菌或其他毒素汙染急劇繁殖，而引起的急性症狀。
2. 天然毒素性食物中毒：依來源可分為動物性天然毒素（魚、貝類）、植物性天然毒素（鹼類、配醣類、蕈類毒素）起著毒素的轉移與富集作用。發生次數並不多，但死亡率卻很高。
3. 化學性食物中毒：因食物在生產、加工過程中，受到環境中的化學藥物（農藥、抗生素、多氯聯苯）或金屬離子（砷、鉛、鎘、汞）等之汙染，並達到能引起急性中毒的劑量的中毒。
4. 黴菌毒素性食物中毒：因進食黴菌寄生並產生代謝產物的食物，而引起身體障礙。如玉米染有黃麴毒素。
5. 類過敏性食物中毒：會促使人體內的免疫球蛋白、免疫細胞被活化刺激，而產生大量組織胺或巨噬細胞，引起紅腫等不適症狀。
6. 其他：其他如包裝材料汙染、食品用容器未清洗乾淨所致汙染、加工過程的有害物汙染。

（三）常造成食物中毒的主要病因

常造成食物中毒的主要原因有冷藏及加熱處理不足、食品調製後在室溫下放置過久、生食與熟食交互汙染、烹調人員衛生習慣不良、調理食品的器具或設備未清洗乾淨及水源被汙染等。最常見的有下列幾種：

1. 細菌：常見的致病菌有腸炎弧菌、沙門氏桿菌、病原性大腸桿菌、金黃色葡萄球菌、仙人掌桿菌、霍亂弧菌、肉毒桿菌等。
2. 病毒：如諾羅病毒等。
3. 天然毒：包括植物性毒素、麻痺性貝毒、河豚毒、組織胺、黴菌毒素等。
4. 化學物質：農藥、重金屬、非合法使用之化合物等。

（四）預防食物中毒方法

實踐食物安全可預防食物中毒。「食物安全五要點」是五個簡單而有效的要點，讓大家遵從，藉以預防由食物傳播的疾病：

1. 精明選擇（選擇安全的原材料）。
2. 保持清潔（保持雙手及用具清潔）。
3. 生熟分開（分開生熟食物）。
4. 煮熟食物（徹底煮熟食物）。
5. 安全溫度（把食物存放於安全溫度，7℃以下，或70℃以上）。

食物中毒

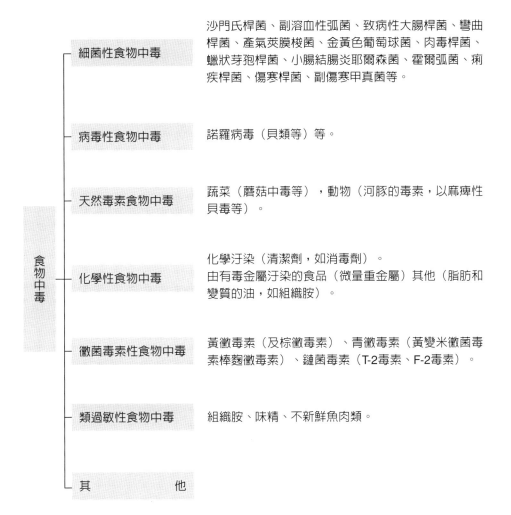

食物中毒	細菌性食物中毒	沙門氏桿菌、副溶血性弧菌、致病性大腸桿菌、彎曲桿菌、產氣莢膜梭菌、金黃色葡萄球菌、肉毒桿菌、蠟狀芽孢桿菌、小腸結腸炎耶爾森菌、霍爾弧菌、痢疾桿菌、傷寒桿菌、副傷寒甲真菌等。
	病毒性食物中毒	諾羅病毒（貝類等）等。
	天然毒素食物中毒	蔬菜（蘑菇中毒等），動物（河豚的毒素，以麻痺性貝毒等）。
	化學性食物中毒	化學汙染（清潔劑，如消毒劑）。由有毒金屬汙染的食品（微量重金屬）其他（脂肪和變質的油，如組織胺）。
	黴菌毒素性食物中毒	黃黴毒素（及棕黴毒素）、青黴毒素（黃變米黴菌毒素棒麴黴毒素）、鏈菌毒素（T-2毒素、F-2毒素）。
	類過敏性食物中毒	組織胺、味精、不新鮮魚肉類。
	其 他	

＋ 知識補充站

不是拉肚子才叫食物中毒。舉凡因進食而致發生黃麴毒素、麻痺性貝毒、多氯聯苯、三聚氰胺、過敏源等都是食物中毒。

5.12 食品微生物中毒及預防

李明清

　　諾羅病毒是美國於1968年，在俄亥俄州的諾沃克發生的流行性腸胃炎事件中發現，而人是唯一的帶原者，主要透過糞及口的途徑傳染，是最常引起腸胃炎的病毒。台灣地區，明確原因的中毒事件，除了諾羅病毒占有約22%之外，大部分為細菌引起，約占有67%。

　　腸炎弧菌存在溫暖的沿海海水中，它喜歡鹽又對低溫敏感，在生鮮的魚貝類最常發現其蹤跡。腸炎弧菌在適當的條件下，約15分鐘就能繁殖加倍。生鮮的海產魚貝類買回之後，可以先以自來水充分清洗鹽分，然後在10℃以下的環境下冷藏，就能夠使腸炎弧菌不會生長甚至死亡，利用它不耐溫的特性，可以在60℃維持15分鐘就能把它殺死，煮熟的餐食保存於60℃以上或7℃以下即可。

　　沙門氏桿菌廣存於動物界（人、貓、狗、老鼠、蟑螂），其耐熱性不佳，只要在60℃加熱20分鐘，或者在100℃煮沸5分鐘，就能夠把它殺死。撲滅或防止老鼠、蒼蠅、蟑螂等病媒，也不要把貓、狗等寵物帶到加工場所，是主要的預防方法。調理前要勤洗手、被蒼蠅汙染的食品應丟棄不能再使用都是有效的預防法。

　　金黃色葡萄球菌存在人體的皮膚、毛髮、鼻腔等黏膜、及化膿的傷口中。因此如果發現金黃色葡萄球菌的汙染，要從個人衛生著手，口罩、帽子有無確實，檢查操作員，如果有傷口、膿瘡、咽喉炎等都不能從事食品調理，以免產生汙染。金黃色葡萄球菌對熱及乾燥有強的抵抗力，不易以煮沸來殺滅它。

　　仙人掌桿菌廣布於環境當中，藉由灰塵及昆蟲傳播，因此防止灰塵及病媒是主要的方法。其耐熱性不佳，也可以加熱到80℃保持20分鐘來殺滅它。食物烹調之後，要盡快食用，要兩天之內保存，在65℃以上或5℃以下即可，兩天以上則以冷凍保存為佳。感染後如果嘔吐，原因可能與大米及澱粉來源有關；腹瀉則與肉類、醬汁來源有關。

　　大腸桿菌存在於人體及動物的腸內，大部分的大腸桿菌為非病原性，而病原性大腸桿菌為其中一小部分。它的耐熱性差，一般烹調溫度就能殺滅它，例如絞肉中心加熱到所有粉紅色消失即可。不食用生的或未煮熟的肉類及水產品，不飲用未煮沸的水及未殺菌的生奶等。水常常是病原性大腸桿菌主要的汙染來源，儲水設備的定期清洗及消毒等水源衛生管理，常常是食品汙染的大漏洞。勤洗手、避免生食熟食的交叉汙染、被汙染人員不能接觸食品的調理工作等，雖然有點老生常談，它們卻是防止食物中毒基本中的基本。

小博士解說

肉毒桿菌（孢子）廣存於自然界中，例如土壤、湖水、河水及動物的排泄物都有它的蹤跡，其毒素的毒性是目前所知排名第一，感染有死亡之虞，它在低酸、厭氧之下繁殖，在罐頭、腸道及傷口深處會有它繁殖的機會，不當的注射也會引起感染，可以添加硝酸鹽及亞硝酸鹽於肉類製品，於醃製品中添加4～5%食鹽，並且控制pH在4.5以下，來抑制肉毒桿菌的生長，它的毒素不耐熱可以以煮沸10分鐘來破壞它。

食品微生物中毒及預防

腹瀉、嘔吐、發燒、死亡	——微生物中毒——	細菌占 67% 諾羅病毒占22%
存在溫暖的沿海海水中 生鮮、海產、魚貝類 嗜好鹽、低溫敏感	——腸炎弧菌——	1. 生鮮魚貝以水清洗 2. 低溫冷藏 3. 殺滅60℃×15分 4. 保存60℃以上或7℃以下
廣存於動物界 （人、貓、狗、鼠、蟑螂） 不耐熱	——沙門氏桿菌——	1. 殺滅60℃×20分 　 100℃×5分（煮沸） 2. 防鼠、蠅、蟑螂等病媒 3. 勤洗手
存在人體皮膚、毛髮、鼻腔等黏膜及 化膿的傷口 對熱及乾燥抵抗力強	——金黃色葡萄球菌——	1. 個人衛生口罩、帽子 2. 有傷口、化膿、咽喉 　 濕疹不可以食品調理
廣布於環境中 藉灰塵及昆蟲傳播 嘔吐：米食、澱粉來源 腹瀉：肉類、醬汁來源	——仙人掌桿菌——	1. 防止灰塵及病媒 2. 殺滅80℃×20分 3. 保存65℃以上或5℃以下 4. 兩天以上冷凍保存
存在於人體動物腸內 大部分為（非病原性） 耐熱性差	病原性 大腸桿菌	1. 加熱滅菌、不生吃 2. 絞肉熱至中心粉紅消失 3. 不吃未煮熟肉類、水產 4. 水源管理、勤洗手
廣存於自然界（孢子） 低酸、厭氧下繁殖 罐頭、腸道、傷口深處 注射不當引起 毒性最強、有死亡之虞	——肉毒桿菌——	1. 添加硝酸鹽、亞硝酸鹽 2. 添加4〜5%鹽之醃製品 　 pH控制4.5以下 3. 煮沸10分鐘殺死毒素 4. 一歲以下不餵食蜂蜜

第6章
微生物的變異、育種、保存

6.1 微生物的遺傳變異

吳伯穗

　　遺傳，簡單地說，就是生物的傳宗接代。但是遺傳並不是一成不變的，遺傳的改變稱之為變異。變異的結果，使得生物之間均有所差異，縱使是多胞胎，亦仍難有完全相同。惟當會影響正常發育時，則生物更能適應與發展者，就是好的變異，是生物進化的原動力，也就是優生學的觀念；反之，無法適應正常發育者，如畸形、退化等，就屬不好的變異。

　　生物的遺傳基本物質稱為基因（gene），是由好幾個核苷酸相互排列、鍵結而成的長鏈聚合物。每個核苷酸以鹼基－去氧核糖－磷酸等三種成分鍵結組成；核苷酸間復於橫向鹼基－鹼基鍵結，縱向去氧核糖－磷酸鍵結，形成類似竹梯狀之雙股（右頁圖1、2）。鹼基共有4種：腺嘌呤（Adenine）、鳥嘌呤（Guanine）、胞嘧啶（Cytosine）、胸腺嘧啶（Thymine），因此組成4種核苷酸，即：腺嘌呤核苷三磷酸、鳥嘌呤核苷三磷酸、胞嘧啶核苷三磷酸、胸腺嘧啶核苷三磷酸。而且橫向之鹼基－鹼基，僅限腺嘌呤－胸腺嘧啶（A－T）、鳥嘌呤－胞嘧啶（G－C）鍵結，稱為互補性鹼基配對。但因核苷酸可重複排列、核苷酸的數量多寡及排列方式等，就像密碼組合般，因此所組成的基因種類千變萬化，又因為整條的核苷酸在複製過程中，會斷開、重組、結合，又會形成新的基因，更為複雜，這也就是生物遺傳變異的主因。

　　基因間會相互連結成更長的長鏈聚合物，即我們所熟知的去（脫）氧核糖核酸，簡稱DNA（Deoxyribonucleic acid），並向右螺旋，形成兩條相互纏繞之曲線（右頁圖3）。

　　DNA間再繼續鍵結成長鏈聚合物，就形成染色體。染色體（chromosome）一詞源自希臘語：chroma（顏色）、soma（體），意即：可染色的小體，係當細胞複製有絲分裂時，DNA會高度螺旋化而呈現特定的形態，容易被鹼性染料著色而稱之。

　　染色體存在於細胞內，而細胞則是生物構成的基本單位。某些微生物的細胞內有細胞核，稱為真核微生物，染色體存在於細胞核內；無細胞核者稱為原核微生物，其染色體則存在於細胞質中。

小博士解說

1. 俗話說：龍生龍，鳳生鳳，老鼠生兒會打洞。基因、DNA、染色體等都是遺傳物質，各種生物藉由遺傳物質的複製，將親代的特性一代一代地流傳下來。
2. 細胞一直在新陳代謝，汰舊換新，基因的種類非常複雜、龐大，因此隨時都可能發生變異。當有不好的變異時，就會危及生物的生存。所幸染色體都是成對的，各別源自父母雙方，而基本上不好的變異多屬隱性，只有在成對都是不好的隱性因子時，不好的性狀才會顯現出來，這也就是要避免近親遺傳的緣故。
3. 生物為求生存，基因亦會因應外界刺激而產生適應的變異，特稱為突變（mutation）。這也就是時常服用抗生素導致病原菌產生抗藥性，或傳染病一直有突變的病原菌或病毒的緣故。

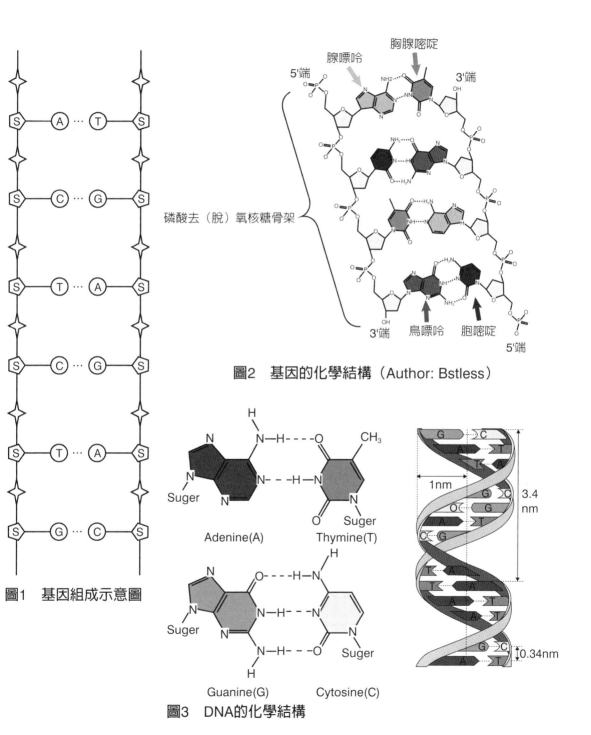

圖1 基因組成示意圖

圖2 基因的化學結構（Author: Bstless）

圖3 DNA的化學結構

6.2 菌種選育（一）

吳伯穗

　　目前最夯的新興產業絕對是「生物技術」。依美國化學學會指出，生物技術為：應用生物或是各領域的系統及程序來了解生命科學，並提升像藥物、農作物或牲畜等產品或農產品的價值。於微生物之生物技術領域，主要係應用各種技術，如雜交、誘變、轉殖等，誘發微生物基因遺傳變異，產生各種新菌種，篩選可資利用的優良菌種，包括分離、純化、培養、更新、保藏等，以符合生產性能，提升產業價值。因此菌種之選育可分為選種與育種兩方面。

1. 菌種選種

　　細胞一直在新陳代謝，其內之遺傳基因亦一直在複製與變異。然而變異的結果並不具有定向性。「優勝劣敗，適者生存」，凡能適應培養環境，表現出生長優勢和生產性能，能夠存活的，就是好菌；反之，則將逐漸被淘汰。若任其自然發展，則整個菌種族群將逐漸退化。因此必須將好菌篩選出來，其過程包括下列各步驟：

　　(1) 樣品採集：依據菌種生態特性，於其適合發育的環境採集菌種。

　　(2) 增殖培養：採集到的樣品隨附各種雜菌很多，很難挑出所需之菌種，必須將其培養在適合發育之養分、環境等條件之培養基中，大量增生、繁殖，好方便挑出所需之純種菌種。

　　(3) 分離純化：重複地進行分離、純化，以篩選出純種菌種，排除其他雜菌干擾。如下列各種方法：

　　① 平板劃線法：以接種環挑取菌種，由點到線塗抹、畫在適合發育之固體、平板培養基表面，培養之。此法為最簡便、常用的分離、純化法。

　　② 稀釋塗佈法：將菌種以生理食鹽水適當稀釋，吸取0.1毫升菌液倒入培養基，以塗佈棒均勻塗佈，培養之。

　　③ 單胞直接挑取法：於顯微鏡下，利用顯微挑取器之毛細吸管直接吸取、移接菌種至培養基中培養。

　　④ 菌絲尖端切割法：以無菌解剖刀於放大鏡下直接切取黴菌之菌絲尖端，移接至培養基中培養。

　　(4) 性能測定：經分離、純化之菌種是否符合所需，猶賴性能測定以確認之，包括粗測與精測兩步驟：

　　① 粗測：又稱初篩，為定性測定。例如為測定某菌種之蛋白酶活性，接種於含有酪蛋白之培養基中，培養後觀察菌種周圍是否出現酪蛋白經分解後之透明圈及其大小，以定性蛋白酶之活性高低。

　　② 精測：又稱復篩，為定量測定。模擬實際量產之生產模式，數據化比較菌種活性，篩選最理想之菌種。

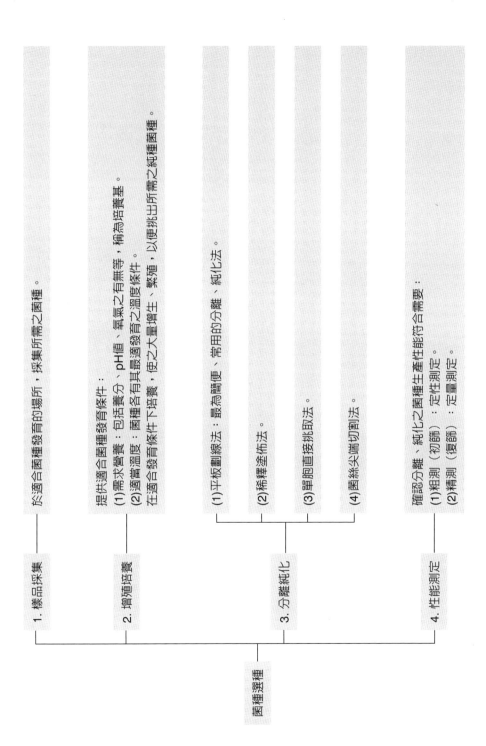

菌種選種

1. 樣品採集　於適合菌種發育的場所，採集所需之菌種。

2. 增殖培養　提供適合菌種發育條件：
(1)需求營養：包括養分、pH值、氧氣之有無等，稱為培養基。
(2)適當溫度：菌種各有其最適發育之溫度條件。
在適合發育條件下培養，使之大量增生、繁殖，以便挑出所需之純種菌種。

3. 分離純化　常用的分離、純化法。
(1)平板劃線法：最為簡便。
(2)稀釋塗佈法。
(3)單胞直接挑取法。
(4)菌絲尖端切割法。

4. 性能測定　確認分離、純化之菌種生產性能符合需要：
(1)粗測（初篩）：定性測定。
(2)精測（複篩）：定量測定。

6.3 菌種選育（二）

吳伯穗

2. 菌種育種

　　菌種之遺傳變異僅賴自身之自然變異爲好菌，往往可遇不可求。爲加速遺傳變異之發生，可利用各種育種技術，如誘變育種及基因重組育種（雜交、融合、轉化、轉導）等各方面遺傳工程，以利菌種育種。

　　(1) 誘變育種：藉著各種誘變因素誘發產生無定向之變異菌株，從中篩選所需之菌種。菌種之育種技術非常發達，惟誘變育種因較單純易行，爲普遍採用之方法。誘變因素概可分爲物理性與化學性兩種。

　　① 物理性誘變因素：以紫外線、χ-射線、γ-射線、快中子等較爲常用，其他包括α-射線、β-射線、超音波等。

　　② 化學性誘變因素：其主要之作用方式是以化學試劑影響鹼基之正常運作。由於所使用之化學試劑用量少、設備簡單，一般實驗室即可進行，因此發展迅速。惟試劑多具毒性、致癌性，要注意安全。進行完後需大量稀釋、解毒，或改變pH值等，以中止誘變反應。常用的化學試劑包括亞硝酸、烷化劑〔如甲基磺酸乙酯（MES）、甲基磺酸甲酯（MMS）、硫酸二甲酯（DMS）、硫酸二乙酯（DES）、氮芥、乙烯亞胺〕、亞硝基胍（如MNNG、NTG）、亞硝基烷基脲〔如亞硝基甲基脲（NMU）、亞硝基乙基脲（NEU）〕、羥胺、鹼基類似物〔如5-溴尿嘧啶（5-BU）、5-氟尿嘧啶（5-FU）〕等。

　　(2) 基因重組育種：所謂基因重組係將不同性狀之遺傳物質轉移至細胞內，使其發生雜交、轉化、轉導等變化，產生新遺傳性狀之菌株。基因重組育種能夠正向遺傳變異，且能避免原菌株長期誘變導致生產性能老化。惟其育種工作過程繁複、儀器設備精密，較不普及應用。

　　① 雜交育種：將兩種不同生產性能的親代菌株混合接種培養，即可篩選出同時具有該兩種生產性能的優良後代菌株。其原理就是運用「雜交優勢」，將親代具顯性遺傳基因之生產性能表現出來。

　　② 原生質體融合育種：供融合之親代菌株，分別經溶菌酶的作用，破壞細胞壁，使細胞內之原生質體逸出。各取等量的原生質體混合、培養、產生融合、再生等過程，即形成新的融合子（菌株）。

　　③ DNA轉化與轉導育種（基因工程），其原理爲：依照科學家設計好的工程藍圖，將供菌體DNA片段與載體細菌質粒DNA片段（或噬菌體、病毒）混合，進行體外重組，「縫合」成環狀重組之「雜種質粒」，經載體傳遞，轉化（轉導）進入受菌體，雜種質粒自我複製而擴增，轉移供菌體DNA片段給受菌體進行DNA重組，形成新的性狀菌株。

小博士解說

1. 近年來，由於分子生物學、分子遺傳學、核酸化學等基礎科學的發展，使得DNA轉化與轉導育種之基因工程得以實現。

2. 菌種選育遺傳工程係一項精密、複雜之專業領域。菌種微生物是眼睛看不到、用手摸不到的東西，必須藉由顯微鏡或增殖培養成菌落才能看得見。而培養條件適宜各種雜菌之發育，又要一再地重複篩選、分離、純化，才能獲得純種的菌種。然後進行生產性能鑑定，確認符合我們所需的標的，發揮產業價值。最後還要持續地接種培養，保存這得來不易的優良菌種。

誘變育種之步驟如下：

1. 誘變菌種篩選：由使用之原菌種中篩選優良菌種，作為誘變菌種。

2. 懸浮液備製：將菌種以生理食鹽水或緩衝液備製成懸浮液，以利均勻接觸誘變試劑。

3. 進行誘發變異：需選擇合適的誘變劑，包括誘變劑的種類與用量。
   雖然誘變劑係作用於菌種遺傳物質DNA上之鹼基，因此對各種菌種均有效。惟各菌種DNA的數目及鹼基排列順序有所不同，因此誘變效果仍有其特異性。有時甚至選用兩種以上的誘變劑，稱為複合處理，以獲得更好的誘變效果。

4. 變異菌種篩選與鑑定：變異菌種的類型很多，主要可分為形態變異型與生理變異型兩種：
   (1)形態變異型：包括外形與色素的變異。一般而言，形態變異型之菌種多屬反向遺傳變異，因此避免篩選。但亦非絶對，猶賴經驗依據或進一步之性能測定。
   (2)生理變異型：誘變育種的目的即在篩選優良生產性能的菌種，因此初始即需擬定完成高產菌種篩選方案，以最少工作量篩得最佳之變異菌種。

5. 高產菌種篩選方案：依據實證經驗，篩選方案概可分為二個階段，常用案例：
   (1)初篩：定性。菌株多、準確性低。即（1株／瓶×200株－篩選50株）：篩選200菌株分別培養，每株1瓶，共200瓶，從中初篩選出50菌株。
   (2)復篩：定量。菌株少、準確性高。即〔（1株／瓶×3瓶／株）×50株－篩選5株〕：初篩之50菌株，分別培養，每株3瓶，共150瓶，從中復篩選出5菌株。

6. 重複誘變育種：選出之菌株若仍未達期望標準，復篩5菌株繼續重複誘變育種，即：5株-誘變劑處理-篩選40新株，每新株×5株，1株／瓶×200株－篩選50株，每株3重複（1株／瓶×3瓶／株）×50株，篩選5株。週而復始，直到達標。

7. 優良菌種用於生產及妥善保藏。

6.4 菌種的退化延緩與保存

吳伯穗

　　生老病死乃人生必經之路，微生物亦然。優良菌種想要長期保持其良好生產性狀，必須了解菌種退化、死亡之機制，適時採取對應措施，並加以妥善保存。

1. 菌種的退化

　　引起菌種退化概有下列各項因素：

　　(1) 負面自發突變的累積：菌種發育過程中，隨時都在發生基因自發突變。雖然顯現不良、退化等負面的自發突變機率仍低，惟隨著一再增殖、累積的結果終將成為退化的菌種。

　　(2) 高產性狀菌種未分離純化：自發突變亦會存有高產性狀之菌種，若未及時加以分離純化，亦會與一般菌種一起而逐漸減少，產量降低。

　　(3) 培養條件改變：如溫度、pH值、培養基等改變，致使菌種不適應，優良性狀不易維持。一般而言，培養溫度愈低，基因突變愈少。

　　菌種退化常表現如下之現象：

　　(1) 形態改變：當菌種的型態特徵逐漸改變時，即表示菌種正在退化。

　　(2) 生產性能降低：很明顯的就是菌種在退化中。

　　(3) 適應能力減低：正常的培養條件下，菌種數量逐漸減少。

　　其實菌種退化乃必然之過程，若能盡早處置，或能延緩退化速度：

　　(1) 降低自發突變：0～4℃低溫保存，甚至−196℃凍藏，可降低或防止自發突變。

　　(2) 避免退化菌種形成主要族群：如適時移植以減少增殖次數、分離純化、選擇有利高產菌種之培養條件等。

　　(3) 誘發突變時選育不易退化之菌種。

2. 菌種的保存

　　好不容易選育的優良菌種必需盡力妥善保存。其基本原理是依照菌種之理化特性，設計適合之休眠條件，使之新陳代謝降至最低，以收保存之效果。最為普遍採用之方法為：

　　(1)定期移植保存法：設備單純，操作方便。惟保存時間短，及反覆移植易生變異、降低活性，是其缺點。

　　其他方法如：(2)礦油封存法；(3)沙土保存法；(4)土壤保存法；(5)濾紙保存法；(6)麩皮保存法；(7)梭氏（Sordelli）真空乾燥保存法；(8)液氮保存法；(9)冷凍真空乾燥保存法等。

【小博士解說】

1. 照顧菌種這種小生命有時還真的很辛苦！這麼小，必須培養到長成點狀的菌落才能看得見，其實那已經是好幾萬的生命呀！

2. 還得持續汰舊換新，移植到新的培養基。而原培養基捨棄前必須經高壓滅菌處理，以避免汙染或外流。

3. 菌種的培養、分離、純化、鑑定、保存等是件既專業又繁複的領域，需經特別的訓練及反覆累積經驗，方能熟能生巧，勝任操作。

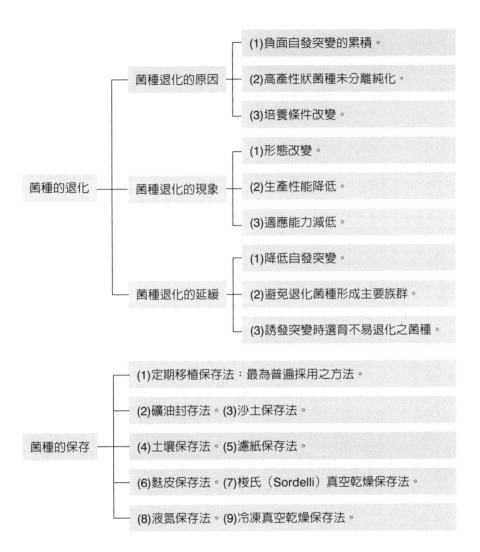

菌種的退化

菌種退化的原因
- (1)負面自發突變的累積。
- (2)高產性狀菌種未分離純化。
- (3)培養條件改變。

菌種退化的現象
- (1)形態改變。
- (2)生產性能降低。
- (3)適應能力減低。

菌種退化的延緩
- (1)降低自發突變。
- (2)避免退化菌種形成主要族群。
- (3)誘發突變時選育不易退化之菌種。

菌種的保存
- (1)定期移植保存法：最為普遍採用之方法。
- (2)礦油封存法。(3)沙土保存法。
- (4)土壤保存法。(5)濾紙保存法。
- (6)麩皮保存法。(7)梭氏（Sordelli）真空乾燥保存法。
- (8)液氮保存法。(9)冷凍真空乾燥保存法。

✛ 知識補充站

1. 其實菌種退化的原理，就像在有限的空間裡成員愈聚愈多，產生競爭，結果寡不敵眾、優勝劣敗，顯著族群者留下來了。但養分愈來愈少，廢棄毒物愈來愈多，最終全部滅亡。
2. 惟有趕快將其分離、純化，有目的地篩選具經濟價值高產性能的菌種，移植到新的適合培養環境繼續發育。
3. 這項工作還需一再地重複進行，並持之以恆，方能源源不絕地長期保存。

第7章
食品保存與食品微生物

7.1 溫度與微生物

吳伯穗

　　民以食為天，當然食品亦是微生物發育的優質營養來源。微生物無所不在，實難於防範汙染。為確保飲食安全，除消極地努力將汙染降至最低，更要積極地抑制所汙染微生物之發育，甚至將其殺滅，以免保存期間產生變質腐敗，引起食物中毒。如何抑制、殺滅微生物呢？

1. 天然抑菌劑、殺菌劑：其實某些食物本身即含有天然的抑菌、殺菌成分。例如蔬果中含有葉綠素、茄紅素、花青素等；動物食品中之溶菌酶（Lysozyme）等各種分解酶，以及初乳中之乳鐵蛋白（Lactoferrin）、免疫球蛋白（Immunoglobulin），生乳中之乳素（Lactenin），雞蛋中之抗生物素（Avidin）等。
2. 微生物代謝產物：例如常見大腸桿菌其代謝產物可以抑制金黃色葡萄球菌之發育。
3. 調整食品保存條件：微生物必須有合適的環境才能正常發育，因此了解微生物的發育條件，藉以調整食品的加工與保存方法，可使其發育延緩、抑制、甚至死亡。包括溫度、乾燥、氧氣、滲透壓、酸鹼（pH）值、電磁波、防腐劑等，分述如下：

1. 低溫

　　處於低溫環境下，微生物會發育緩慢，新陳代謝逐漸降到最低或呈休眠狀態。微生物的活力還在，不會很快死亡，只要回溫到合適溫度，即能恢復正常發育。

　　(1) 7～15℃低溫保存：微生物發育緩慢，食品保存期限較短，適合蔬果類食品之儲存。

　　(2) 0～7℃冷藏保存：除嗜冷性微生物外，大部分微生物發育均顯著減弱，例如6℃冷藏幾乎能抑制所有病原菌發育。適合蔬果類、魚肉類、乳品類、禽蛋等生鮮食品之儲存，惟保存期限仍短。

　　(3) 0℃以下冷凍保存：−18℃以下冷凍保存，幾乎能抑制所有微生物發育，食品均可長期冷凍保存。其原因乃冷凍可使微生物造成下述反應：

　　① 細胞內之游離水形成冰晶體，對微生物造成機械性損傷。

　　② 細胞質脫水濃縮，黏度變大，電解質濃度增加，pH值改變等，均致抑制或死亡。
而冷凍之處理方式，如：

　　① 急速冷凍，亦會造成微生物「冷休克」死亡。

　　② 反覆冷凍、解凍，微生物亦更容易死亡。

　　③ 配以乾燥、真空等加工處理，有助於延長保存期限。

2. 高溫

　　隨著加熱溫度愈高、時間愈長，微生物的抗熱能力愈弱，愈容易被殺滅。惟某些因素會降低殺菌效果，以致漏網而使食品產生變質腐敗，宜特別注意：

　　(1) 嗜熱性微生物殘存。

　　(2) 微生物菌數愈多，殺菌時間愈長：微生物會分泌保護物質。

　　(3) 食品所含之營養成分基本上對微生物有保護作用，增加微生物熱抵抗性。

　　(4) 食品的酸鹼值：微生物發育一般適於pH=7之中性酸鹼值，偏酸或偏鹼均會降低微生物的抗熱能力，尤其偏酸性更為顯著，此亦即酸性食品較容易殺菌之緣故。

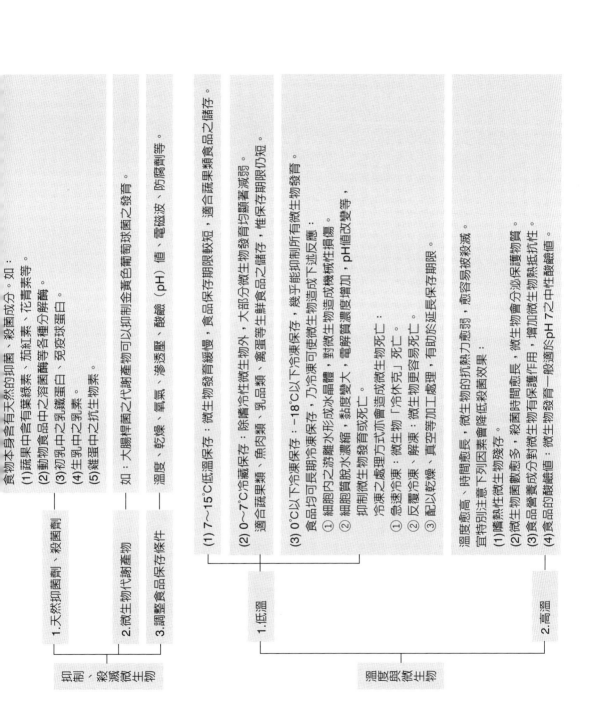

抑制、殺滅微生物

1.天然抑菌劑、殺菌劑

食物本身含有天然的抑菌、殺菌成分，如：
(1)蔬果中含有葉綠素、茄紅素、花青素等。
(2)動物食品中之溶菌酶等各種分解酶。
(3)初乳中之乳鐵蛋白、免疫球蛋白。
(4)生乳中之乳素。
(5)雞蛋中之抗生物素。

2.微生物代謝產物

如：大腸桿菌之代謝產物可以抑制金黃色葡萄球菌之發育。

3.調整食品保存條件

溫度、乾燥、氧氣、滲透壓、酸鹼 (pH) 值、電磁波、防腐劑等。

溫度與微生物

1.低溫

(1) 7~15°C低溫保存：微生物發育緩慢，食品保存期限較短，適合蔬果類食品之儲存。

(2) 0~7°C冷藏保存：除嗜冷性微生物外，大部分微生物發育均顯著減弱，適合蔬果類、魚肉類、乳品類、禽蛋等生鮮食品之儲存，惟保存期限仍短。

(3) 0°C以下冷凍保存：-18°C以下冷凍保存，乃冷凍可使微生物造成下述反應，幾乎能抑制所有微生物發育：
食品均可長期冷凍保存，對微生物造成機械性損傷：
① 細胞內之游離水形成冰晶體，對微生物造成機械性損傷。
② 細胞質脫水濃縮，黏度變大，電解質濃度增加，pH值改變等，抑制微生物發育或死亡。
冷凍之處理方式亦會造成微生物死亡：
① 急速冷凍：微生物「冷休克」死亡。
② 反覆冷凍、解凍：微生物更容易死亡。
③ 配以乾燥、真空等加工處理，有助於延長保存期限。

2.高溫

溫度愈高、時間愈長，微生物的抗熱力愈弱，愈容易被殺滅。宜特別注意下列因素會降低殺菌效果：
(1)嗜熱性微生物殘存。
(2)微生物菌數愈多，殺菌時間愈長。
(3)食品營養成分對微生物有保護作用，增加微生物熱抵抗性。
(4)食品的酸鹼值：微生物發育一般適於pH 7之中性酸鹼值。

7.2 乾燥、氧氣、滲透壓與微生物　　　　吳伯穗

乾燥與微生物

生物體內一半以上都是水分，有些甚至要生存在有水的環境，可見水分對生物的重要。食品之乾燥處理，使得微生物體內水分含量降低，以致發育減緩或死亡。食品乾燥對於微生物的影響如下：

1. 微生物適應能力不同：具抗旱能力者呈休眠狀態，俟環境合適時再繼續發育。
2. 新生繁殖之稚齡微生物最爲敏感：乾燥處理時最容易死亡。
3. 食品應緩慢乾燥：急速乾燥微生物不易死亡。乾燥初期，微生物死亡最快。
4. 同時再經其他處理或不同營養基質的影響：食品加工常常結合乾燥、高溫殺菌、低溫或冷凍保存、眞空或惰性氣體充填等處理，或許不見得具相乘效果，但有助於延長微生物之休眠期間，以收長期保存之目的：
   (1) 溫度：溫度愈高，微生物愈容易死亡。反之，低溫下之乾燥，微生物抗旱能力較強，較不易死亡。而低溫保存可延緩微生物發育。
   (2) 眞空或惰性氣體充填處理：微生物抗旱能力較強，但可避免接觸氧氣的機會。
   (3) 營養基質愈豐富，雖會降低乾燥效果，似對微生物產生保護效果，但卻可降低食品的水活性，不利其發育。

氧氣與微生物

生命三要素分別爲陽光、空氣、水，是生命能量之泉源。其中，空氣主要是提供氧氣。惟各種微生物對於氧氣之需求各有不同，計可分爲三類：

1. **好氣性微生物**：大部分的微生物多需要氧氣才能呼吸、新陳代謝、正常的生存。因此食品常藉著罐裝之加熱脫氣或氮氣充填封蓋、眞空包裝等，以抑制殘留好氣性微生物發育而長期保存。
2. **嫌氣性微生物**：此類微生物無論氧氣之有無均能發育。於無氧環境下，可將食品中之糖類分解成醇類或酸類之中間代謝產物；當氧氣供應充足時，則完全代謝爲二氧化碳和水。
3. **厭氣性微生物**：此類微生物必須在無氧環境下才能發育，食品之腐敗菌及病原菌屬之。除會將糖類分解成酸類，使食品發酸外；亦會分解蛋白質成胺類及硫化氫，產生惡臭味；伴隨分泌毒素，引起食物中毒。

滲透壓與微生物

食品所含之營養物質當然亦是微生物發育之重要營養基質，然而當提高營養物質濃度或添加食鹽、糖類等以增加溶質含量，即增加食品之滲透壓，則將破壞微生物之代謝機制及菌體結構，達到抑制發育進而殺滅之目的。此亦即醃漬食品如臘肉、煉乳、蜜餞、果醬等有較常保存之原理。一般而言，糖濃度需達40%以上，而蜂蜜糖含量約在70%，因此不需要放入冰箱低溫保存。

乾燥與微生物

1. 微生物對於乾燥環境之適應能力自有不同：
   具抗旱能力者呈休眠狀態，俟環境合適時再繼續發育。

2. 新生繁殖之稚齡微生物最為敏感：乾燥處理時最容易死亡。

3. 食品應緩慢乾燥：
   (1)急速乾燥處理微生物不易死亡。(2)於乾燥初期，微生物死亡最快。

4. 同時再經其他處理或不同營養基質的影響：
   食品加工常常結合乾燥、高溫殺菌、低溫或冷凍保存、真空或惰性氣體充填
   等加工處理。或許不見得具相乘效果，但有助於延長微生物之休眠期間：
   (1)溫度：溫度愈高，微生物愈容易死亡。反之，低溫下之乾燥，微生物抗
      旱能力較強，較不易死亡。而低溫保存可延緩微生物發育。
   (2)真空或惰性氣體充填處理：微生物抗旱能力較強，但可避免接觸氧氣的
      機會。
   (3)營養基質愈豐富，雖會降低乾燥效果，似對微生物產生保護效果，但卻
      可降低食品的水活性，不利其發育。

氧氣與微生物

1. 好氣性微生物：
   (1)大部分的微生物屬之，多需要氧氣才能呼吸、新陳代謝、正常的生存。
   (2)食品常藉著罐裝之加熱脫氣或氮氣充填封蓋、真空包裝等，以抑制殘留
      好氣性微生物發育而長期保存。

2. 嫌氣性微生物：此類微生物無論氧氣之有無均能發育：
   (1)於無氧環境下，可將食品中之糖類分解成醇類或酸類之中間代謝產物。
   (2)當氧氣供應充足時，則糖類完全代謝為二氧化碳和水。

3. 厭氣性微生物：此類微生物必須在無氧環境下才能發育：
   (1)食品之腐敗菌及病原菌屬之。
   (2)除會將糖類分解成酸類，使食品發酸外，亦會分解蛋白質成胺類及硫化
      氫，產生惡臭味，伴隨分泌毒素，引起食物中毒。

滲透壓與微生物

1. 增加食品之營養物質以提高滲透壓，可破壞微生物之代謝機制及菌體結
   構，達到抑制發育，進而殺滅微生物之目的。

2. 添加食鹽、糖類等之醃漬食品如臘肉、煉乳、蜜餞、果醬等有較常保存即
   此原理。

3. 一般而言，糖濃度達40％以上即可抑制微生物發育，而蜂蜜糖含量約在
   70％，因此不需低溫保存。

7.3 防腐劑與微生物

吳伯穗

　　食品製造添加防腐劑的目的在於防腐劑可以抑制或殺死微生物，以延長食品的保存期限。其實防腐劑並沒有直接與食品本身發生作用而防止食品的腐敗，也許稱之爲食品保質劑，可較不至於讓人危言聳聽、談腐色變。防腐劑具抑菌及殺菌之功能，因此亦可稱爲抗菌劑。廣義而言應包含殺菌劑，即僅具有抑菌之物質稱爲防腐劑，而具有殺菌之物質稱爲殺菌劑，惟兩者並無嚴格分野。但無論如何，防腐劑添加絕不可有害人體之健康。依據衛生福利部食品藥物管理署所公布之「食品添加物使用範圍及限量暨規格標準」（網址：https://consumer.fda.gov.tw/Law/FoodAdditivesList. aspx?nodeID=521#），第（一）類防腐劑計有24種品項。概可歸類爲：1.苯甲酸類（9種品項）、2.己二烯酸類（4種品項）、3.丙酸類（3種品項）、4.醋酸類（3種品項）、5.其他類（5種品項），請注意：

　　(1) 本表爲正面表列，非表列之食品品項，不得使用該食品添加物。

　　(2) 罐頭一律禁止使用防腐劑。但因原料加工或製造技術關係，必須添加防腐劑者，應事先申請中央衛生主管機關核准後，始得使用。

　　(3) 同一食品依表列使用範圍規定混合使用防腐劑時，每一種防腐劑之使用量除以其用量標準所得之數值（即使用量／用量標準）總和不得大於1。亦即：當同時混合使用多種同類防腐劑時，其用量換算成該酸之總和，總用量需符合上述法規規定。

1. **苯甲酸類（9種品項）**：包括苯甲酸（又稱安息香酸）、苯甲酸鈉、苯甲酸鉀、對羥苯甲酸甲酯、對羥苯甲酸乙酯、對羥苯甲酸丙酯、對羥苯甲酸丁酯、對羥苯甲酸異丙酯、對羥苯甲酸異丁酯。
    (1) 酸性食品（pH值4.6以下）可以抑制細菌，惟對於酵母菌及黴菌，可添加苯甲酸類以抑制之。
    (2) 苯甲酸溶解度低，可先以乙醇溶解使用或改採苯甲酸之鹽類。
    (3) 苯甲酸於人體內會與甘胺酸結合成馬尿酸隨尿排出。

2. **己二烯酸類（4種品項）**：包括己二烯酸（又稱山梨酸）、己二烯酸鈉、己二烯酸鉀、己二烯酸鈣。
    (1) 與苯甲酸類一樣，適用於酸性食品以抑制之酵母菌及黴菌之發育。
    (2) 主要係破壞酵母菌及黴菌之分解酶，尤其對黴菌有更好之抑制效果。
    (3) 己二烯酸受熱易揮發，因此宜於食品製造，加熱處理後添加使用。
    (4) 己二烯酸亦難溶於水，需先溶於乙醇或改用其鹽類。

3. **丙酸類（3種品項）**：包括丙酸、丙酸鈉、丙酸鈣。屬抑黴菌劑，主要用於麵包及糕餅以抑制黴菌之發育。

4. **醋酸類（3種品項）**：包括去水醋酸、去水醋酸鈉、二醋酸鈉。屬低毒性、廣效性之防腐劑，對各種微生物均有抑制效果。難溶於水，因此常用鈉鹽作爲防腐劑。

5. **其他類（5種品項）**：包括乳酸鏈球菌素（Nisin）、鏈黴菌素、聯苯、雙十二烷基硫酸硫胺明（雙十二烷基硫酸硫胺）、二甲基二碳酸酯（二碳酸二甲酯）等。

防腐劑與微生物

1. 防腐劑具抑菌及殺菌之功能，因此亦可稱為抗菌劑。

2. 防腐劑添加絕不可有害人體之健康。

3. 依據衛生福利部食品藥物管理署所公佈之「食品添加物使用範圍及限量暨規格標準」，第（一）類防腐劑計有24種品項。概可歸類為：
   1.苯甲酸類（9種）、2.己二烯酸類（4種）、3.丙酸類（3種）、4.醋酸類（3種）、5.其他類（5種）。

4. 請注意：
   (1)本表為正面表列，非表列之食品品項，不得使用該食品添加物。
   (2)罐頭一律禁止使用防腐劑。但因原料加工或製造技術關係，必須添加防腐劑者，應事先申請中央衛生主管機關核准後，始得使用。
   (3)同一食品依表列使用範圍規定混合使用防腐劑時，每一種防腐劑之使用量除以其用量標準所得之數值（即使用量／用量標準）總和不得大於1。亦即：當同時混合使用多種同類之防腐劑時，其用量換算成該酸之總和，總用量需符合上述法規之規定。

5. 苯甲酸類（9種品項）：包括苯甲酸（又稱安息香酸）、苯甲酸鈉、苯甲酸鉀、對羥苯甲酸甲酯、對羥苯甲酸乙酯、對羥苯甲酸丙酯、對羥苯甲酸丁酯、對羥苯甲酸異丙酯、對羥苯甲酸異丁酯。
   (1)酸性食品可以抑制細菌，惟對於酵母菌及黴菌，可添加苯甲酸類以抑制之。
   (2)苯甲酸溶解度低，可先以乙醇溶解使用或改採苯甲酸之鹽類。
   (3)苯甲酸於人體內會與甘胺酸結合成馬尿酸隨尿排出。

6. 己二烯酸類（4種品項）：包括己二烯酸（又稱山梨酸）、己二烯酸鈉、己二烯酸鉀、己二烯酸鈣。
   (1)與苯甲酸類一樣，適用於酸性食品以抑制之酵母菌及黴菌之發育。
   (2)主要係破壞酵母菌及黴菌之分解酶，尤其對黴菌有更好之抑制效果。
   (3)己二烯酸受熱易揮發，因此宜於食品製造，加熱處理後添加使用。
   (4)己二烯酸亦難溶於水，需先溶於乙醇或改用其鹽類。

7. 丙酸類（3種品項）：包括丙酸、丙酸鈉、丙酸鈣。
   屬抑黴菌劑，主要用於麵包及糕餅以抑制黴菌之發育。

8. 醋酸類（3種品項）：包括去水醋酸、去水醋酸鈉、二醋酸鈉。
   (1)屬低毒性、廣效性之防腐劑，對各種微生物均有抑制效果。
   (2)難溶於水，因此常用鈉鹽作為防腐劑。

9. 其他類（5種品項）：包括乳酸鏈球菌素（Nisin）、鏈黴菌素、聯苯、雙十二烷基硫酸硫胺明（雙十二烷基硫酸胺）、二甲基二碳酸酯（二碳酸二甲酯）。

7.4 酸鹼值、電磁波與微生物
吳伯穗

酸鹼值與微生物

　　水的分子式爲H_2O，會自然解離成氫離子（H^+）與氫氧根離子（OH^-），所以水會導電。在標準溫度（25℃）和壓力（1大氣壓）下，氫離子濃度（以〔H^+〕表示）和氫氧根離子濃度（以〔OH^-〕表示）的乘積始終是$1×10^{-14}$，稱爲水的離子積常數，因此氫離子濃度和氫氧根離子濃度都是$1×10^{-7}mol/L$。

　　酸鹼值一般以pH值表示，係取氫離子濃度之對數負值（$-log$〔H^+〕），因此中性的水，其pH值爲7。當pH值小於7時，表示氫離子濃度大於氫氧根離子濃度，酸性較強；反之，pH值大於7時，則表示氫離子濃度小於氫氧根離子濃度，鹼性較強。

　　食品依其酸鹼值之高低可分爲低（非）酸性食品（pH值4.6以上）及酸性食品（pH值4.6以下）。大部分細菌多適合於中性酸鹼值（pH值7）條件下發育，偏酸或偏鹼均會破壞細菌之分解酶活性及細胞結構，使得細菌無法正常發育而死亡。至於酵母菌及黴菌則適宜偏酸性（酸鹼值4.0～6.0）條件下發育。

電磁波與微生物

　　任何物體均具有溫度，只要在絕對零度（0°K, -273℃）以上，都會以波的形式傳遞能量和動量，稱之爲電磁波。電磁波一般係以頻率或波長來分類，從低頻率到高頻率，分別爲：長波、無線電波、微波、紅外線、可見光、紫外線、X射線和伽馬射線等。人們所聽到聲音的音波是屬於長波的範圍，其頻率爲20～20,000赫茲（Hz）；而眼睛所看到物體顏色的可見光，其波長大約在380～780奈米（nm）之間。

註：1. 在眞空中，電磁波（υ）的速度 = 光速（c）= $3×10^8$米／秒（m/s）。

　　 2. 頻率與波長的關係：頻率（f, Hz）×波長（λ, nm）=電磁波（υ）=光速（c, nm/s）。

　　 3. $1 m = 10^3 mm = 10^6 \mu m = 10^9 nm = 10^{10}$Å（埃）。

1. 超音波：電磁波譜中，頻率超過音波（20,000赫茲）之電磁波稱爲超音波。當食品經超音波照射，可使所含水分產生過氧化氫，具有殺菌效果；亦可使微生物因內容物分子產生強烈震動而裂解死亡。超音波之殺菌效果與頻率強度及照射時間呈正相關。

2. 紫外線：紫外線的電磁波波長低於可見光，範圍在10～400奈米（頻率$8.0×10^{14}$～$2.4×10^{16}$赫茲）。其中200～300奈米具有殺菌功能，250～270奈米效果最大。由於紫外線之穿透力低，因此僅適用於直接照射物體之表面殺菌。一般常用於：
   (1) 空間殺菌：殺滅空氣中之微生物。
   (2) 器具殺菌：凡不適於加熱或藥物殺菌，如粉狀食品空罐、醫療器具等。

3. 放射性同位素：放射性同位素概可分爲α、β、γ三種放射線。其中α射線易被空氣吸收，β射線穿透力低，僅適於表面殺菌，僅有γ射線適用於食品內部之殺菌。其原理主要在於引起微生物之細胞結構、生化機能產生損害、變異，導致死亡，因此有助於食品保存。放射線之殺菌效果亦與微生物之種類、數量、發育階段、劑量、時間等有關。

酸鹼值與微生物

1. 食品依其酸鹼值之高低可分為：
   (1)低（非）酸性食品：pH值4.6以上之食品。
   (2)酸性食品：pH值4.6以下之食品。

2. 大部分細菌多適合於中性酸鹼值（pH值7）條件下發育，偏酸或偏鹼均會破壞細菌之分解酶活性及細胞結構，使得細菌無法正常發育而死亡。

3. 酵母菌及黴菌則適宜偏酸性（pH值4.0～6.0）條件下發育。

電磁波與微生物

1. 電磁波從低頻率到高頻率，分別為：長波、無線電波、微波、紅外線、可見光、紫外線、X射線和伽馬射線等。

2. 人們所聽到聲音的音波是屬於長波的範圍，其頻率為20～20,000赫茲（Hz）。

3. 眼睛所看到物體顏色的可見光，其波長大約在380～780奈米（nm）之間。

4. 超音波：電磁波譜中，頻率超過音波（20,000赫茲）之電磁波稱為超音波。
   (1)當食品經超音波照射，可使所含水分產生過氧化氫，具有殺菌效果。
   (2)亦可使微生物因內容物分子產生強烈震動而裂解死亡。
   (3)超音波之殺菌效果與頻率強度及照射時間呈正相關。

5. 紫外線：紫外線的電磁波波長低於可見光，範圍在10～400奈米。
   (1)200～300奈米的紫外線具有殺菌功能，250～270奈米效果最大。
   (2)由於紫外線之穿透力低，因此僅適用於直接照射物體之表面殺菌。一般常用於：
   　①空間殺菌：殺滅空氣中之微生物。
   　②器具殺菌：凡不適於加熱或藥物殺菌，如粉狀食品空罐、醫療器具等。

6. 放射性同位素：放射性同位素概可分為 α、β、γ 三種放射線。
   (1)α 射線易被空氣吸收，β 射線穿透低，僅適於表面殺菌，僅有 γ 射線適用於食品內部之殺菌。
   (2)γ 射線會引起微生物之細胞結構、生化機能產生損害、變異，導致死亡。
   (3)放射線之殺菌效果亦與微生物之種類、數量、發育階段、劑量、時間等有關。

電磁波譜

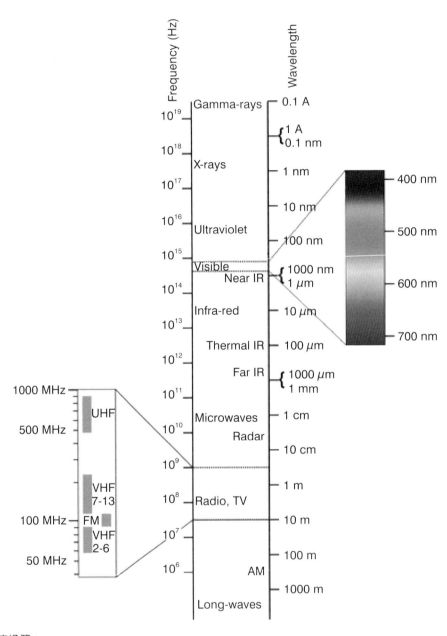

單位換算：
1m（米）＝10^3mm（毫米）＝10^6μm（微米）＝10^9nm（奈米）＝10^{10}Å（埃）
1m（米）＝10^{-3}km＝10^{-6}mega

Note

第8章
食品衛生與檢驗

8.1 食品衛生之微生物指標

蔡育仁

　　在衛生管理中常以衛生指標菌的數量來做為食品安全及品質的指標。導致食物中毒的病原菌很多，目前科學技術雖可檢測出食品中的致病菌，但分離計數的方法很複雜且費時，加上生產工廠、流通業者、區域性等因素，檢驗方法也未完全一致。基於實用性、經濟性與方便性之考量，因此檢驗「微生物指標菌」來取代造成食品腐敗、品質劣化或危害公共衛生之微生物檢驗，可以有效降低耗費的時間、人力與物力。

　　前述「指標菌」（Indicator bacteria），是指當無法監測食品中每一種有害微生物時，僅針對某些特定指標菌作為是否合乎衛生要求之指標。如：生菌數、大腸桿菌、大腸桿菌群。

　　食品衛生指標菌用以指示食品在製造過程中是否合乎衛生要求的一種指標。例如：現行「一般食品衛生標準」內容第三條，要求一般食品之性狀「應具原有之良好風味及色澤，不得有腐敗、不良變色、異臭、異味、汙染、發霉或含有異物、寄生蟲。」；內容第四條，要求一般食品之微生物限量如下表。

項目 類別	每公克中大腸桿菌 （E. coli）最確數 （MPN/g）	每公克中大腸桿菌群 （Coliform）最確數 （MPN/g）
不需再調理（包括清洗、去皮、加熱、煮熟等）即可供食用之一般食品	陰性	10^3 以下
需經調理（包括清洗、去皮、加熱、煮熟等）始可供食用之一般食品	－	－

小博士解說

　　大腸桿菌（E. coli）在加熱後即死亡，故加工後之禽畜肉，如仍檢出大腸桿菌，表示熱處理不當，或加熱後受到汙染。為防止消費者食用到受糞便汙染食品，衛生管理部門對大部分即食食品都訂有大腸桿菌不得檢出的規格標準。

　　法規雖將大腸桿菌群（Coliform）列有上述限量標準，但多數自主管理良好之食品業者，已將經熱處理之加工食品大腸桿菌群限量降低，作為內部風險管理之指標。

參考現行重要食品之衛生標準，多列有指標微生物含量。以飲料為例：

飲料類衛生標準

類別	限 量			
	生菌數（cfu/mL）	大腸桿菌（MPN/mL）	大腸桿菌群（MPN/mL）	沙門氏菌
一、含有碳酸之飲料：包括汽水、可樂及其他添加碳酸之飲料。	10^4 以下；但有容器或包裝者應在100以下	陰性	10 以下；但有容器或包裝者應為陰性	陰性
二、蔬果汁及蔬果汁飲料				
（一）未經稀釋及商業殺菌之鮮榨天然蔬果汁	－	10 以下	10^3 以下	陰性
（二）還原蔬果汁、蔬果汁飲料、果漿（蜜）及其他類似製品	10^4 以下；但有容器或包裝者應在200以下	陰性	10 以下；但有容器或包裝者應為陰性	陰性
（三）發酵蔬果汁、發酵蔬果汁飲料	－	陰性	10 以下；但經加熱殺菌者應為陰性	陰性
三、以食品原料萃取而得之飲料（包括咖啡、可可、茶或以穀物、豆類等原料萃取、磨製或發酵而成，供飲用之飲料）	10^4 以下；但有容器或包裝者應在200以下	陰性	10 以下；但有容器或包裝者應為陰性	陰性
四、添加乳酸或稀釋發酵乳調味之酸性飲料	－	陰性	10 以下；但有容器或包裝者應為陰性	陰性

備註：即時調製且為方便外帶所為之暫時性包裝，非用以延長產品儲存期限者，不以「有容器或包裝者」之類別判定。

8.2 微生物對食品汙染之影響

蔡育仁

　　食品的外來危害可分為化學性、物理性及生物性三大類，但食品的加工過程能有效去除或降低危害至可接受的範圍，最具效果的是生物性微生物危害的有效控制，所以選擇具有代表性的微生物進行檢驗，用以指示被檢驗的食品是否符合衛生安全，具這種檢測特性的微生物，被稱為指標微生物。

　　微生物超出限量，即表示該食品存有被汙染之風險。

　　大腸桿菌群的檢測方法是直接觀察細菌在特殊的培養液中，是否會發酵乳糖而產生氣體。但是這種檢測方法，要等待2至4天才會知道檢測結果。因此在1951年時，發展出大腸桿菌群另一檢測方法——濾膜法，也就是先將水樣以特殊的濾膜過濾，將細菌留置在濾膜表面，再將濾膜轉移到特殊的培養基上，經35℃培養24小時，大腸桿菌群細菌的菌落就會呈現特殊的顏色。

　　有些大腸桿菌群細菌來自於人類及動物糞便，但是大部分的大腸桿菌群可以在水中和土壤環境中增殖，也能在給水系統中存活生長，尤其是有生物膜存在的狀況下，因此與糞便汙染的相關性不強。近年來，各國已漸漸改用大腸桿菌作為糞便汙染的指標。大腸桿菌在人類及動物糞便中存在數量極高，但是在無糞便汙染的環境中極為罕見，因此與糞便汙染的相關性更好。

　　近年來已開發出大腸桿菌簡易的檢測方法，通常是應用這種細菌具有尿苷酸化酶（β-glucuronidase）的特性。常見的檢測程序如下：過濾水樣之濾膜，以選擇性培養基在44～45℃下培養24小時後，計算菌落數。飲用水如果檢測出大腸桿菌，代表近期曾有糞便汙染，應採處理程序以免給水系統的完整性遭到破壞。

生熟食混合即食食品類衛生標準

項　　目	限　　量
大腸桿菌群（MPN/g）	10^3 以下
大腸桿菌（MPN/g）	陰性

註：民國100年修正生熟食混合即食食品類衛生標準，刪除生菌數限量。

生食用食品類衛生標準

項目 類別	生菌數 （CFU/g）	大腸桿菌 （MPN/g）	大腸桿菌群 （MPN/g）	揮發性鹽基態氮 （mg/100g）
生食用魚介類	10^5 以下	陰性	10^3 以下	15 mg 以下
生食用水果類	–	10 以下	10^3 以下	–
生食用蔬菜類	–	10 以下	10^3 以下	–

乳品類衛生標準

種類	項目	每公克中生菌數	每公克中大腸 桿菌群最確數	每公克中大腸 桿菌最確數
液態乳	全脂鮮乳	五萬以下	10 以下	陰性
	低脂鮮乳			
	脫脂鮮乳			
	保久乳	經保溫試驗（37℃，七天）檢查合格，且在正常貯存狀態下不得有可繁殖之微生物存在。	陰性	
	強化營養鮮乳	五萬以下	10 以下	陰性
乳粉	全脂乳粉	五萬以下	10 以下	陰性
	脫脂乳粉			
	調味乳粉			
	調製乳粉			
煉乳	不加糖煉乳	五萬以下	10 以下	陰性
	加糖全脂煉乳			
	加糖脫脂煉乳			
調味液態乳	調味乳	五萬以下	10 以下	陰性
	保久調味乳	經保溫試驗（37℃，七天）檢查合格，且在正常貯存狀態下不得有可繁殖之微生物存在。	陰 性	
乳油		五萬以下	10 以下	陰性
乳酪		五萬以下	10 以下	陰性
乾酪				100 以下
發酵乳			10 以下，但經加熱殺菌者應為陰性。	陰性
乳清粉		五萬以下	10 以下	陰性
其他乳品		五萬以下	10 以下	陰性

綜上，定期監測指標微生物，可以了解食品之安全衛生狀況。例如原料生菌數含量過高，可能警示須改變罐頭加工之熱處理條件，以保障食品之安全。

8.3 食品微生物之檢驗方法
—— 生菌數之檢驗

蔡育仁

本方法適用於食品中生菌數之檢驗,其原理是將檢體經系列稀釋後,以平板計數培養基培養及計數之方法。

不同之檢體,製作成檢液之實驗室調製方法,步驟說明如下:

1. 固態檢體:將檢體切碎混合均勻後,取50 g,加入稀釋液450 mL,混合均勻,作為10倍稀釋檢液。
2. 粉狀、粒狀或其他易於粉碎之檢體:以已滅菌之藥勺或其他用具將檢體粉碎後,混合均勻,取50 g,以下步驟同步驟1之操作。
3. 液態檢體:將檢體振搖均勻混合,取50 mL,作為原液,以下步驟同步驟1之操作。
4. 冷凍檢體:須解凍者,如冷凍魚、禽畜肉、蔬果、水餃等,應在冷藏之溫度下解凍(如2～5℃,18小時內即可解凍完全);亦可使用較高溫度快速解凍(置於45℃以下之水浴中,可在15分鐘內解凍之檢體適用之)。解凍時應經常搖動檢體,以加速解凍。俟檢體解凍後,再予以切碎並混合均勻。不須解凍者,如食用冰塊、冰棒等冰類製品,應速先行使成適當小塊;再依步驟1之操作,製成10倍稀釋檢液。如檢驗工作無法立即進行,應將檢體貯存於−20℃。
5. 凝態及濃稠液態檢體:如布丁、煉乳、海苔醬等,經攪拌均勻後,取50 g,以下步驟同步驟1之操作。

完成上述之初步操作得到「10倍稀釋檢液」,需再進行「系列稀釋檢液」之操作,方法如下:使用已滅菌之吸管,吸取上述之10倍稀釋檢液10 mL加至稀釋液90 mL中,依序作成100、1000、10000倍等一系列稀釋檢液,其稀釋方法如右頁圖所示。

稀釋液之選擇與稀釋作業,應考慮下列事項:

1. 除肉製品使用0.1%蛋白腖稀釋液外,其他檢體以磷酸鹽緩衝液作為稀釋液,其次為生理食鹽水。
2. 檢體總量不足50 g(mL)時,應依檢體量,添加適量稀釋液,作成10倍稀釋檢液。
3. 處理含油脂量多,不易勻散及易起泡沫之檢體時,應加入適量已滅菌之乳化劑(如Tween 80,使其於檢液中濃度為1%),並充分振搖,使之乳化。

生菌數之檢驗流程圖如右頁圖。

食品工廠可以參考經確效認可之市售培養基、生化檢測套組或鑑定系統,惟檢驗結果有爭議時,應以衛生福利部食藥署102年9月6日部授食字第1021950329號公告修正「食品微生物之檢驗方法——生菌數之檢驗」檢驗方法為準。

檢驗藥劑之調配、器具之準備、生菌之培養條件、培養結果之觀察與計算、數據處理等,在衛生福利部食品藥物管理署之公告檢驗方法中皆有說明。參考網址http://www.fda.gov.tw/TC/siteList.aspx?pn=3&sid=103&classifyID=178

系列稀釋檢液

50 g或50 mL（原液）

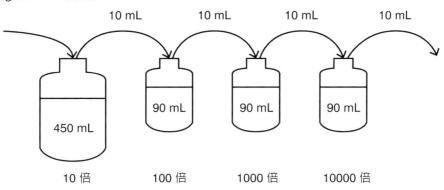

生菌數之檢驗流程

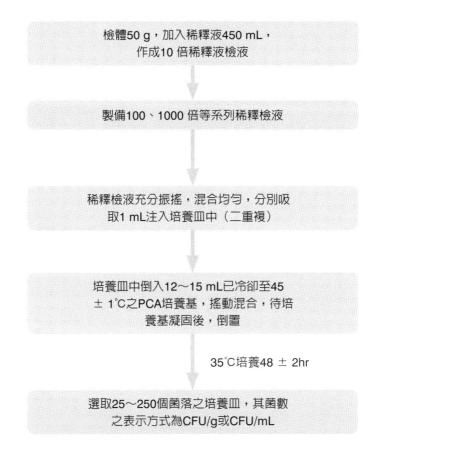

8.4 食品微生物之檢驗方法 —— 大腸桿菌之檢驗

蔡育仁

　　本方法適用於食品中大腸桿菌之檢驗，其原理是將檢體經系列稀釋後，以三階三支進行培養，配合MPN計數之方法。

　　不同之檢體，製作成檢液之實驗室調製方法、系列稀釋方法、稀釋液之選擇與稀釋作業應考慮下列事項，同本書「8.3食品微生物之檢驗方法 —— 生菌數之檢驗」內容敘述。

　　本檢驗方法之結果鑑別，區分為「推定試驗」、「鑑別試驗」、「確定試驗」與「判定」，分別說明如下：

1. 推定試驗

　　將檢體原液或稀釋檢液充分振搖，混合均勻後，分別自原液或10倍稀釋檢液起之三個連續稀釋倍數檢液中吸取1 mL接種於裝有LST培養液10 mL的試管中，每一稀釋倍數接種3支（三階三支），自檢液之調製至此步驟應於15分鐘內完成，於35℃培養24±2小時，觀察是否產氣；未產生氣體者繼續培養24小時。仍無氣體產生者，即為大腸桿菌陰性；產生氣體者則疑為大腸桿菌陽性。

2. 鑑別試驗

　　(1) 由前述「推定試驗」產生氣體（註：輕搖試管後，若發酵管內之培養液可為氣泡所取代，則判為產氣。）之每一試管中取一接種環量之培養菌液接種於EC培養液中，於45.5℃有蓋水浴箱中培養24±2小時，觀察是否產生氣體，未產生氣體者繼續培養24±2小時。仍無氣體產生即為大腸桿菌陰性，產生氣體者疑似大腸桿菌陽性。

　　(2) 由前述「推定試驗」產生氣體之每一試管中取一接種環量之培養菌液，在L-EMB培養基表面劃線後，於35℃培養18～24小時，觀察所形成菌落之形態，典型大腸桿菌菌落中央呈黑色，扁平，帶有或不帶有金屬光澤。自每一片L-EMB培養基上取2個可疑菌落移殖於PCA培養基斜面上，35℃培養18～24小時，以進行形態確認及生化試驗；若未出現典型菌落，則再自每一片L-EMB培養基上鉤取比較可疑之菌落，接種至PCA培養基斜面上，並於35℃培養18～24小時，以備生化試驗。

3. 確定試驗（下述生化試驗法，詳細內容請參考本節文末說明之食藥署網頁）

　　(1) 革蘭氏染色。

　　(2) 吲哚試驗（Indole test）。

　　(3) 歐普氏試驗（VP test）。

　　(4) 甲基紅試驗（MR test）。

　　(5) 檸檬酸鹽利用試驗（Citrate utilization test）。

　　(6) 乳糖產氣試驗（gas production from lactose）。

4. 判定

(1) 大腸桿菌陽性者，應符合下表所列之結果

試驗或基質	正反應	負反應	大腸桿菌之反應
革蘭氏染色	陽性（深紫色）	陰性（粉紅色）	−
吲哚試驗	紅色	原色	+/−
甲基紅試驗	紅色	黃色	+
歐普氏試驗	粉紅色	原色	−
檸檬酸鹽利用試驗	混濁狀	澄清	−
乳糖產氣試驗	氣體產生	無氣體產生	+

(2) 最確數（most probable number, MPN）

　　由上表判定為大腸桿菌陽性菌落，反推回確實產氣且含大腸桿菌之EC培養液產氣試管數，利用最確數表（如下頁表），推算出大腸桿菌之最確數（MPN/g或MPN/mL）。

　　最確數表說明：

- 若稀釋倍數為10、100、1000倍〔即每管LST培養液中含0.1、0.01、0.001 mL（g）之檢體〕，且LST培養液均產氣（正反應試管數3-3-3），經接種至EC培養液、劃線培養於L-EMB培養基及鑑別試驗後，確認含大腸桿菌之產氣EC培養液試管數為3-1-0，對照MPN數應為43，即該檢體大腸桿菌數為43 MPN/mL（g）。
- 若為原液及稀釋倍數10、100倍【即每管LST培養液中含1、0.1、0.01 mL（g）之檢體】，而EC培養液之正反應試管數經鑑別試驗，含有大腸桿菌之試管數為3-1-0，則該檢體大腸桿菌數為43÷10 = 4.3 MPN/mL（g）。
- 若稀釋倍數為100、1000、10000倍，而結果同上時，則該檢體大腸桿菌數為43×10＝4.3×10^2 MPN/mL（g），其餘類推。

　　食品工廠可以參考經確效認可之市售培養基、生化檢測套組或鑑定系統，惟檢驗結果有爭議時，應以衛生福利部食藥署102年12月20日部授食字第1021951163號公告修正「食品微生物之檢驗方法──大腸桿菌之檢驗」檢驗方法為準。參考網址http://www.fda.gov.tw/TC/siteList.aspx?pn=3&sid=103&classifyID=178

最確數表

正反應試管數			MPN/mL (g)	95% 依賴界限		正反應試管數			MPN/mL (g)	95% 依賴界限	
0.10 mL	0.01 mL	0.001 mL		下限	上限	0.10 mL	0.01 mL	0.01 mL		下限	上限
0	0	0	<3.0	—	9.5	2	2	0	21	4.5	42
0	0	1	3.0	0.15	9.6	2	2	1	28	8.7	94
0	1	0	3.0	0.15	11	2	2	2	35	8.7	94
0	1	1	6.1	1.2	18	2	3	0	29	8.7	94
0	2	0	6.2	1.2	18	2	3	1	36	8.7	94
0	3	0	9.4	3.6	38	3	0	0	23	4.6	94
1	0	0	3.6	0.17	18	3	0	1	38	8.7	110
1	0	1	7.2	1.3	18	3	0	2	64	17	180
1	0	2	11	3.6	38	3	1	0	43	9	180
1	1	0	7.4	1.3	20	3	1	1	75	17	200
1	1	1	11	3.6	38	3	1	2	120	37	420
1	2	0	11	3.6	42	3	1	3	160	40	420
1	2	1	15	4.5	42	3	2	0	93	18	420
1	3	0	16	4.5	42	3	2	1	150	37	420
2	0	0	9.2	1.4	38	3	2	2	210	40	430
2	0	1	14	3.6	42	3	2	3	290	90	1,000
2	0	2	20	4.5	42	3	3	0	240	42	1,000
2	1	0	15	3.7	42	3	3	1	460	90	2,000
2	1	1	20	4.5	42	3	3	2	1100	180	4,100
2	1	2	27	8.7	94	3	3	3	>1100	420	—

檢驗流程圖

檢液之調製

鑑別試驗

推定試驗

確定試驗

最確數

檢體50 g，加入稀釋液450 mL，作成10倍稀釋檢液

依序作成100、1000倍等稀釋檢液

分別吸取1 mL稀釋檢液，接種於LST試管中，三階三支

35℃，24～48hr

觀察是否產生氣體

是 → 否

產氣試管中取一白金耳，接種於EC試管中

否 → 陰性

45.5℃，24～48hr

觀察是否產生氣體

是 → 否

產氣試管中取一白金耳，接種於L-EMB劃線培養

否 → 陰性

35℃，24～48hr

每一L-EMB取2個可疑菌落鑑別，決定陽性試管數

依陽性試管數，推算大腸桿菌之最確數（MPN/g或MPN/mL）

8.5 食品微生物之檢驗方法
——大腸桿菌群之檢驗

蔡育仁

　　本方法適用於食品中大腸桿菌群之檢驗，其原理是將檢體經系列稀釋後，以三階三支進行培養，配合MPN計數之方法。

　　不同之檢體，製作成檢液之實驗室調製方法、系列稀釋方法、稀釋液之選擇與稀釋作業應考慮下列事項，同本書「8.3食品微生物之檢驗方法——生菌數之檢驗」內容敘述。

　　本檢驗方法之結果鑑別，區分為「推定試驗」、「確定試驗」與「最確數推算」，分別說明如下：

　　1. 推定試驗：將稀釋檢液及（或）原液充分振搖、混合均勻後，分別吸取1 mL接種於已裝有硫酸月桂酸胰化蛋白腖培養液（LST）試管中，每稀釋檢液各接種3支（稱三階三支），自檢液之調製至此步驟應於15分鐘內完成，於35℃培養24±2小時，觀察是否產生氣體；未產生氣體者，繼續培養24小時。若仍無氣體產生，為大腸桿菌群陰性；產生氣體者，為可疑大腸桿菌群陽性。

　　2. 確定試驗：由前述「推定試驗」產生氣體之各試管中取一白金耳量培養液，接種於另一支煌綠乳糖膽汁培養液（BGLB）於35℃培養24±2小時，觀察是否產生氣體；未產生氣體者，繼續培養24小時，若仍無氣體產生即為大腸桿菌群陰性；產生氣體者，判定為大腸桿菌群陽性。

　　3. 最確數（most probable number, MPN）推算：由前述「確定試驗」煌綠乳糖膽汁培養液（BGLB）確定為大腸桿菌群陽性者推算「推定試驗」各階硫酸月桂酸胰化蛋白腖培養液（LST）大腸桿菌群陽性之試管數，利用最確數表（如右頁表），推算大腸桿菌群之最確數（MPN/g或MPN/mL）。

　　最確數表適用的接種量為各階試管含檢體0.1、0.01、0.001（g或mL），當接種量不同時應乘或除倍，換算公式為：

$$最確數\ MPN/g\,(MPN/mL) = \frac{最確數表之最確數}{第一階試管含檢體量 \times 10}$$

　　例如：

　　經判定含有測試菌之正反應試管數為3-1-0時，對照最確數表之最確數為43，

　　(1) 當接種量為各階試管含檢體1、0.1、0.01（g或mL），推算測試菌之最確數 = 43/(1×10) = 4.3 MPN/g（MPN/mL）。

　　(2) 當接種量為各階試管含檢體0.1、0.01、0.001（g或mL），推算測試菌之最確數 = 43/(0.1×10) = 43 MPN/g（MPN/mL）。

　　(3) 當接種量為各階試管含檢體0.01、0.001、0.0001（g或mL），推算測試菌之最確數 = 43/(0.01×10) = 430 MPN/g（MPN/mL）。

　　（430或表示為4.3×10^2）

　　食品工廠可以參考經確效認可之市售培養基、生化檢測套組或鑑定系統，惟檢驗結果有爭議時，應以衛生福利部食藥署102年9月6日部授食字第1021950329號公告修正「食品微生物之檢驗方法——大腸桿菌群之檢驗」檢驗方法為準。參考網址http://www.fda.gov.tw/TC/siteList.aspx?pn=3&sid=103&classifyID=178

最確數表

正反應試管數			最確數（MPN/g 或MPN/mL）	95% 依賴界限		正反應試管數			最確數（MPN/g 或MPN/mL）	95% 依賴界限	
0.1*	0.01	0.001		下限	上限	0.1	0.01	0.001		下限	上限
0	0	0	<3.0	—	9.5	2	2	0	21	4.5	42
0	0	1	3.0	0.15	9.6	2	2	1	28	8.7	94
0	1	0	3.0	0.15	11	2	2	2	35	8.7	94
0	1	1	6.1	1.2	18	2	3	0	29	8.7	94
0	2	0	6.2	1.2	18	2	3	1	36	8.7	94
0	3	0	9.4	3.6	38	3	0	0	23	4.6	94
1	0	0	3.6	0.17	18	3	0	1	38	8.7	110
1	0	1	7.2	1.3	18	3	0	2	64	17	180
1	0	2	11	3.6	38	3	1	0	43	9	180
1	1	0	7.4	1.3	20	3	1	1	75	17	200
1	1	1	11	3.6	38	3	1	2	120	37	420
1	2	0	11	3.6	42	3	1	3	160	40	420
1	2	1	15	4.5	42	3	2	0	93	18	420
1	3	0	16	4.5	42	3	2	1	150	37	420
2	0	0	9.2	1.4	38	3	2	2	210	40	430
2	0	1	14	3.6	42	3	2	3	290	90	1000
2	0	2	20	4.5	42	3	3	0	240	42	1000
2	1	0	15	3.7	42	3	3	1	460	90	2000
2	1	1	20	4.5	42	3	3	2	1100	180	4100
2	1	2	27	8.7	94	3	3	3	>1100	420	—

*：各階試管中所含檢體量（g或mL）

大腸桿菌群之檢驗流程圖如下：

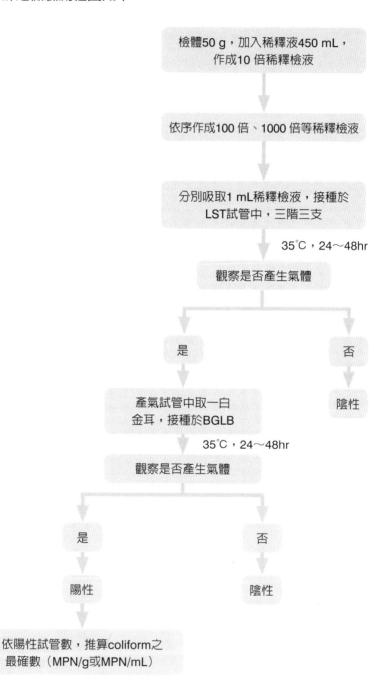

Note

附錄一
食品安全專有名詞解釋

1. 危害（Hazard）

李明清

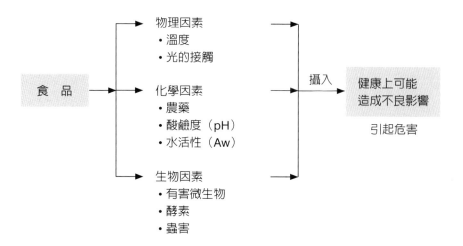

╋ 知識補充站
　食物因為上述物理、化學及生物的因素，造成食用之後對健康的不良影響叫作危害。

2. 風險（Risk）

李明清

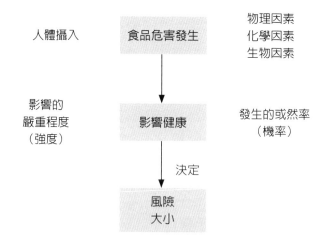

╋ 知識補充站
　人體因為攝入有危害的食品而發生對身體健康影響的危害風險的大小，是要視其發生的或然率及其嚴重的程度兩者同時考慮之後，才能決定其大小，就叫作風險（Risk）。

3. 風險分析（Risk Analysis）

李明清

風險分析包含風險溝通、風險評估及風險管理三個面向。

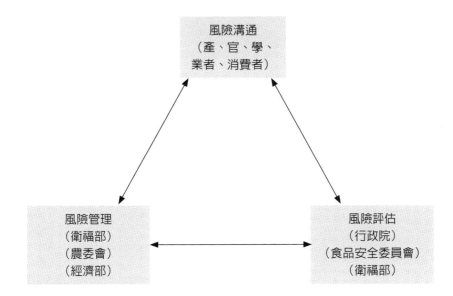

➕ 知識補充站

　　風險分析包含風險溝通、風險評估及風險管理三個面向，三個面向互相會有影響，風險分析是為了統合三個面向而得到好的結果。以便防止風險的發生或者能夠把風險降至最低。風險評估宜由國家最高食品安全單位統一評估，然後透過產、官、學、業者及消費者充分溝通求取共識之後，由實際主管單位據以管理執行，以落實風險分析的作用。

4. 風險評估（Risk Assessment）　　　　　　　　　　李明清

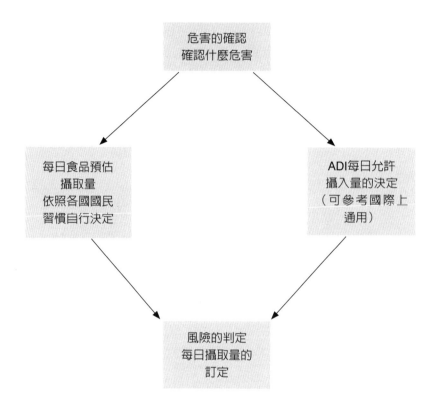

✚知識補充站

　　風險評估是為了要以科學的方法、評估某種危害品項，在人們的生活當中，可以承受的程度。不論是食品添加物、輻射量、農藥殘留量等，加諸多少量有多大的風險，最終希望在政府的評估之後做一個規定，讓全體國人有所遵循。例如一日攝取量的設定等。而風險評估，應由政府最高單位例如行政院成立食品安全委員會，召集各領域專家來執行，目前全世界對於各項食品及添加物的評估資料也已經互相分享經驗，每日允許攝入量的決定，及各項食品每日攝取量會考慮各國不同飲食習慣而適度修定。

5. 風險溝通（Risk Communication）

李明清

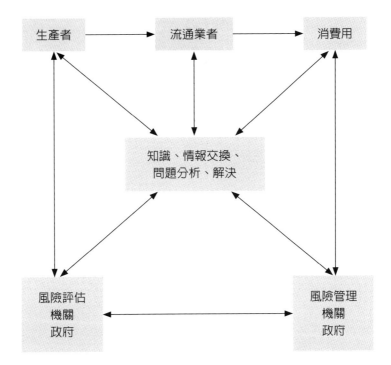

＋知識補充站

　　在風險分析的過程當中，風險溝通是貫穿全程的，風險評估機關、風險管理機關更應以服務的心態主動出擊，不管是針對整體的說明討論會，或者一對一的個別溝通會。要參加溝通的有消費者、生產者、流通業者（加工、運輸、大盤、小賣商）以及風險評估、風險管理機關，溝通內容針對各項問題點及風險項目的知識等，其目的是為了讓評估機關做好風險的有效評估以及管理機關做好風險的有效管理。

　　溝通會花費比較多的時間，但是只要能求得共識，對於往後的執行及管理幫助很大，是值得花時間來做的。

6. 風險管理（Risk Management）

李明清

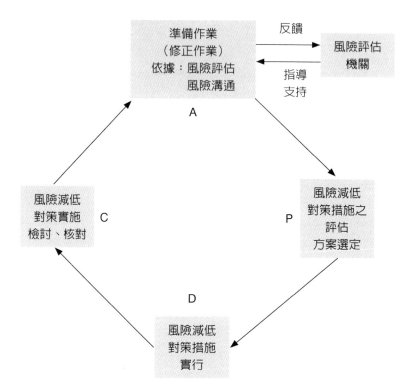

＋知識補充站

風險管理由衛福部、農委會等相關主管單位來推行，依照評估結果的科學數據為依據，風險溝通中，問題點、排序、依照危害的程度選定優先順序，接著要將風險減低的方案擬定評估選定、擇期實行、實行之後定期檢討核對結果，找出差異給予修正，此時應與風險評估機關保持密切連繫，給予回饋執行結果差異，以便進一步獲得風險評估機關的指導與支持，PDCA是一個循環，每一次循環就有一次的進步，一定要持續去做，才能把風險管控在比較低的程度。

7. 定性風險評估（Qualitative Risk Assessment）   李明清

　　食品中含有危害因素，吃到人體之後會影響健康，但影響的程度沒有具體數據，只能以影響高或低做判斷者，屬於定性風險評估範圍。沒有具體的數據而且危害程度不大的場合，常常使用定性風險評估。定性一般常常是在做定量風險評估之前先做，它是確立是否優先的一種經濟、有效和快速的方法。一般以發生或然率及影響程度以及進度、費用等做優先順序之評價。

　　例如：開發一種新產品。

項目	低	中	高
預估費用增加	10%以下	10～20%	20%以上
預估進度拖延	10%以下	10～20%	20%以上
預估發生危害		√	
預估影響度		√	

　　結果：判定風險程度中等。

8. 定量風險評估（Quantitative Risk Assessment）   李明清

　　一定要有數量使用才算定量風險評估，定量風險評估一般在定性風險評估之後進行。

　　例如：測定某種物質對老鼠健康之定量風險評估。

危害物添加量	5mg/kg體重	10mg/kg體重	20mg/kg體重
發生影響	死1隻	死3隻	死5隻
	總共10隻	總共10隻	總共10隻
致死率	10%	30%	50%

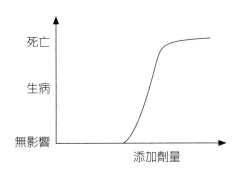

9. 每天允許攝取量（ADI）（Acceptable Daily Intake）　　　徐維敦

- 為人體每日連續攝取某一食物或飲用水中某物質，而不會造成可察覺的健康風險。一日攝取量，以mg/kg表示之。
- 主要食品生產過程意圖使用的（殘留農藥，食品添加劑等）。
- 正常顯示的單位：X毫克／公斤體重（體重1kg的適當量）。
  每日允許攝入量＝無毒性量×1/100（安全係數）。

每天允許攝取量
（ADI）
─────────────
在食品生產過程中故意使用
- 農藥殘留
- 食品添加劑（ADI）

無毒性量NOAEL＝
對動物健康不會有不利影響
的常見的量。

安全係數
1/100

即使一輩子每天持續攝取該量，
也不影響健康的量。

10. 無毒性量（NOAEL）（No Observed Adverse Effect Level）　徐維敦

- 當使用一種物質不同劑量下進行數個步驟毒性試驗，觀察到無顯示有任何不良反應的最大劑量。
- 通常，在各種動物試驗中得到的物質個體無毒量，以該物質的無毒量的最小值。

確定物質A的無毒量的方法

無毒試驗的種類	實驗動物	各測試所得的無毒性量（體重1kg · 每天）
重複給藥 / 致癌性試驗	鼠	6.78mg/kg / 日
	比格爾犬	1.2mg/kg / 日
繁殖試驗	鼠	11.3mg/kg / 日
致畸試驗	鼠	1,000mg/kg / 日

在毒性試驗中獲得的最小值
➔ 物質A的非毒性量（NOAEL）

可接受的每日攝入量和影響及關係

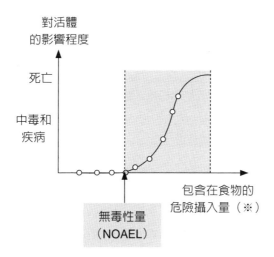

※橫軸（攝取量）是對數顯示

11. 沒有明顯作用量（NOEL）（No Observed Effect Level）
（最大無作用量、無影響量、最大無影響量）　　　　　徐維敦

- 當將物質使用不同劑量的幾個階段進行毒性試驗，用於給藥組與對照組相比的最大劑量時，對生物無顯示有任何不良反應。
- 最大無作用量、無影響量、最大無影響量。

物質A的無作用量

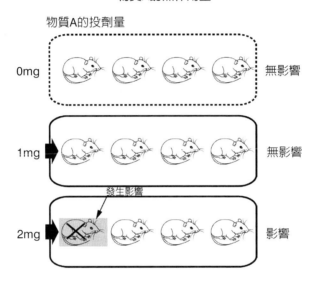

可接受的每日攝入量和影響及關係

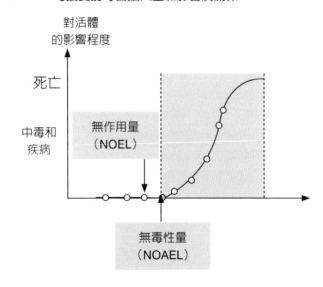

12. 毒性（Toxicity）
徐維敦

- 化學物質對生物體產生不利影響的屬性。
- 毒性，物質的物理和化學性質，在體內，對於出現的劑量——反應評價進行評價。
- 輻射是化學物質，紫外線包括在物理作用。
- 通常毒性可分為一般毒性和特殊的毒性。
- 在化學品的急性毒性情況下，是近似的毒性程度如下。

分　類	LD$_{50}$（mg/Kg） 單次口服給藥（鼠）
「0」：無毒性	>15000mg（＝15g）
「1」：實際無毒性	5000～15000mg
「2」：輕度毒性	500～5000mg
「3」：中度毒性	50～500mg
「4」：高度毒性	<50mg

（美國科學院把毒性物質危險劃分為五個等級）
註：毒性非常大：日本定義為1 mg/Kg

13. 中毒（Poisoning, Intoxication）
徐維敦

- 物質的攝入，生物體出現毒性作用，正常機能被干擾。

食物中毒的原因

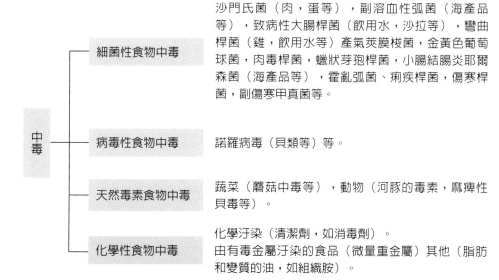

中毒

細菌性食物中毒：沙門氏菌（肉，蛋等），副溶血性弧菌（海產品等），致病性大腸桿菌（飲用水，沙拉等），彎曲桿菌（雞，飲用水等）產氣莢膜梭菌，金黃色葡萄球菌，肉毒桿菌，蠟狀芽孢桿菌，小腸結腸炎耶爾森菌（海產品等），霍亂弧菌、痢疾桿菌，傷寒桿菌，副傷寒甲真菌等。

病毒性食物中毒：諾羅病毒（貝類等）等。

天然毒素食物中毒：蔬菜（蘑菇中毒等），動物（河豚的毒素，麻痺性貝毒等）。

化學性食物中毒：化學汙染（清潔劑，如消毒劑）。由有毒金屬汙染的食品（微量重金屬）其他（脂肪和變質的油，如組織胺）。

14. LD$_{50}$（半數致死量）（Median Lethal Dose、Lethal Dose 50、50% Lethal Dose）

徐維敦

- 化學物質的急性毒性的指標，當由這種口服給藥於實驗動物種群，經統計估計在一定的天數，通常能引起試驗動物一半（50%）的死亡的化學物質劑量（毫克／公斤體重，mg/kg）的數值顯示。
- LD50的值愈小表示致死毒性愈強。

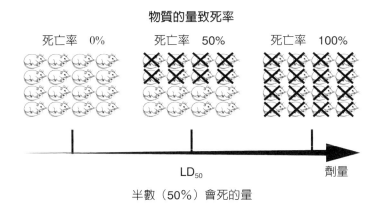

物質的量致死率

死亡率　0%　　　死亡率　50%　　　死亡率　100%

LD$_{50}$　　　　　　　　劑量

半數（50%）會死的量

15. 急性毒性（Acute Toxicity）

徐維敦

　測定動物一次攝取或注射大範圍單一劑量的化學物質後，在短時間內（試驗期通常為24小時，7天或14天等）所產生的作用。

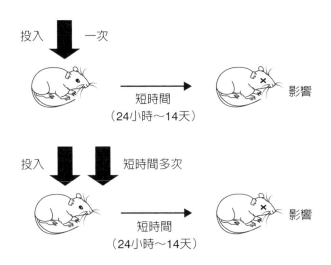

投入　　一次

短時間
（24小時～14天）　　影響

投入　　短時間多次

短時間
（24小時～14天）　　影響

16. 亞急性毒性（Subacute Toxicity）
〔亞慢性毒性（Subehronic Toxicity）〕 徐維敦

- 測定以極少量的化學物質連續或重複給藥飼育某種動物，於長時間所造成的慢性毒性試驗，以估計安全劑量。
- 觀察生物體通過重複給藥，每天超過一次審查毒性長期表達的功能和形式的變化。
- 亞急性毒性通常是測定數十天或數週後的反應，而慢性毒性則是測定數月至數年後的反應。
- 亞急性毒性是介於急性毒性與慢性毒性之間。

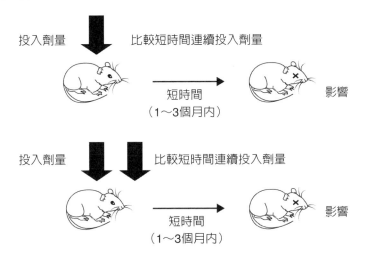

17. 慢性毒性（Chronic Toxicity） 徐維敦
長期間（通常大於6個月）連續或重複施用造成的毒性。

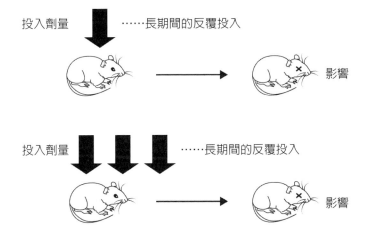

18. 去氧核糖核酸DNA（Deoxyribonucleic Acid）　　　　徐維敦

- 存在於地球上一切活細胞內，攜帶遺傳訊息的重要物質脫氧核醣（糖）、磷酸，和鹼。
- 核甘酸所包含的鹼基可分成四種：腺嘌呤（adenine）（A）、胸腺嘧啶（thymine）（T）、胞嘧啶（cytosine）（C）、鳥嘌呤（guanine）（G）。藉由微弱的鍵結所形成的特殊鹼基配對關係（A-T, C-G），兩條反向平行的長鏈互相纏繞，形成DNA分子的雙螺旋（double helix）結構。
- 生物個體成長需要經歷細胞分裂，當細胞進行分裂時，必須將自身基因組中的DNA複製，才能使子細胞擁有和親代相同的遺傳訊息。在分裂過程，兩條互補的雙鏈結構爲依據斷裂分離，之後兩個細胞分別合成出精確複製與原始DNA相同序列。

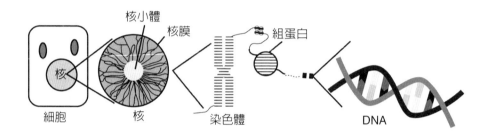

19. 免疫（Immunity）　　　　徐維敦

- 生物機體識別和排除抗原物質（如致病性細菌）的一種防禦機制反應。
- 生物體免疫系統第一層物理屏障（如表皮）可以防止病原體，第二層先天性免疫系統就會產生迅速但非特異性的免疫反應。脊椎動物體內還有第三層保護，即適應性免疫系統（又被稱爲後天免疫系統）。

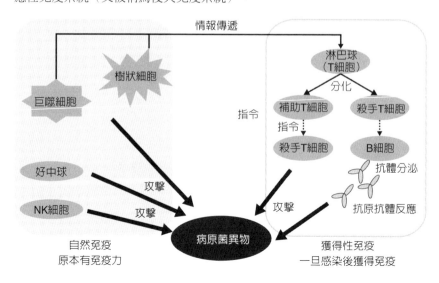

20. 疫學（Epidemiology）（傳染病學、流行病學）

徐維敦

　　人類的群體當中，健康發生障礙的因素很多，也會互相影響，藉著統計方法，把要因與問題發生的頻率與分布做分析找出要因與問題發生的關係，從而訂定有效的對策叫作疫學。

　　例如：

　　人群中，有抽菸、喝酒及發生疾病的各種組合藉著疾病與否跟抽菸、喝酒的關係，以矩陣表示出其頻率及分布情形就能找出有效的對策。

- 流行病學不僅研究傳染病，其他如慢性病（像癌症、心臟病、糖尿病、高血壓等）、精神疾病、自殺與意外事件等健康議題，甚至各種疾病的危險因子（如抽菸、肥胖、營養攝取狀態、生活型態等）。
- 透過調查，了解疾病和健康狀況在時間、空間和人群間的分布情況，爲研究和控制疾病提供線索，爲制定衛生政策提供參考。

人類群體

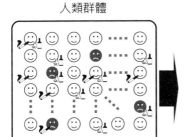

吸菸、喝酒、病患

影響健康明顯的要素

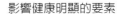

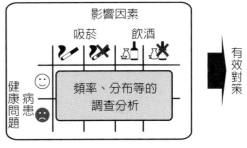

影響因素

吸菸　　飲酒

頻率、分布等的調查分析

健康問題　病患

有效對策

21. 疫學調查（Epidemiological Survey） 　　　徐維敦

　　人體健康現象（生病，疾病，死亡等）發生的頻率與分布，研究分析對影響因素與損害結果間因果關係進行調查。

疫學調查例子

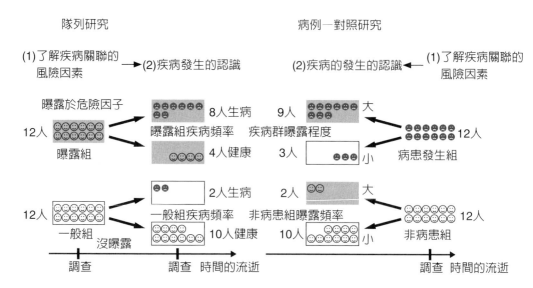

22. 最大殘留基準（MRL）（Maximum Residue Limit） 　　徐維敦 / 李明清

　　規定農作物的農藥最大殘留基準叫作最大殘留基準（MRL），可以作為農作物使用農藥的參考基準，其單位以ppm或ppb表示。

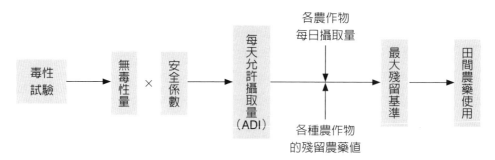

　　主要目的：農作物農藥遵守施用基準→確保作物殘留基準值不可超越最大殘留基準。
　　　　　　　最終所有吃進的農作物合併計算不要越出ADI值。

23. 推定一日攝取量（EDI）（Estimate Daily Intake）　　徐維敦／李明清

　　EDI是用來推定某種農藥一天之內的攝取量，將一天之內可能攝取的農作物的量乘以各該農作物殘留農藥的測定值得到從該農作物攝取的農藥推定量（EDI）。

米的農藥攝取量	=	米1日攝取量×米的該農藥測定值
麵粉的農藥攝取量	=	麵粉1日攝取量×麵粉的該農藥測定值
蘿蔔的農藥攝取量	=	蘿蔔1日攝取量×蘿蔔的該農藥測定值
高麗菜的農藥攝取量	=	高麗菜1日攝取量×高麗菜的該農藥測定值
其他農產品的農藥攝取量	=	其他農產品1日攝取量×其他的該農藥測定值
合計		推定一日攝取量（EDI）

24. 理論最大一日攝取量（TMDI）
（Theoretical Maximum Daily Intake）　　徐維敦

- 當農藥作為一個例子，一日容許攝取量（ADI）是指人類每日攝入某物質直至終生，而不產生可檢測到的對健康產生危害的量。
- 進行膳食調查，確定膳食中含有被測試物殘留基準值的一日攝取量，再分別計算出每種食品含有該物質的最高含量，從而制定出某種測試物在某種食品中的最大殘留量。
- （日本）以每天允許攝取量的80%，不超過最大殘留限量值。

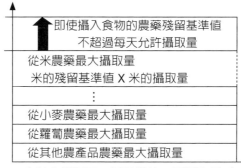

※在某些情況下，採用推估一日攝取量（EDI），不是理論最大一日攝取量。

25. 食品回收（Recall）
徐維敦

- 食品有變質或腐敗、有毒、殘留農藥或動物用藥含量超過安全容許量等或含有害人體健康之物質或異物，應以書面公告回收物品之品名、包裝、型態、日期、批號。
- 食品及其相關產品之回收銷毀作業，應由各該產品之製造、加工、調配、販賣、運送、貯存、輸入、輸出食品業者自己處理。

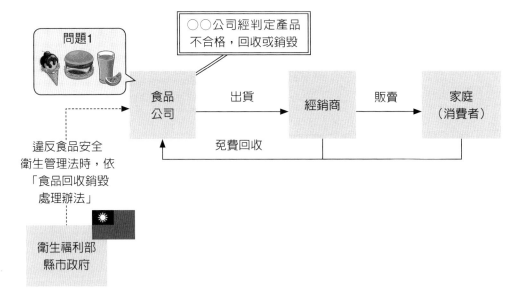

26. 公共會議（Public Meeting）　　　　　　　　　　　徐維敦

風險溝通的方法之一。雙方匯聚一起，進行資訊和觀點的交流。

27. 食品教育（Food Education）　　　　　　　　　　徐維敦

- 家庭飲食文化的改變，改變了我們在傳遞食物、飲食文化的觀點與想法，家庭是在飲食文化中的核心角色，過去的飲食文化是組成社會的核心關鍵。
- 在當前和未來一個健康和文明的社會，生活豐富和活力的實現，需要透過各種經驗與傳承。國民飲食的安全和營養、飲食文化知識的建立，國民能夠正確選擇食物的能力，教育人們可實踐的健康的飲食。
- 衛生福利部食品藥物管理署網站（http://www.fda.gov.tw/TC/index.aspx）公布了各項食品、藥品、醫療器材、化妝品、管制藥品等產業各項法規與生物科技知識。衛生福利部網站同時建立了國人飲食六大需求與飲食文化。
- 財團法人食品工業研究所（http://www.firdi.org.tw/）專營專利技轉、驗證服務、品質監控、開放實驗室等；財團法人中華穀類食品工業技術研究所（http://www.cgprdi.org.tw/index_1.asp）專營穀物、烘焙、化驗、食品安全驗證等服務食品產業。兩機構協助衛生福利部與經濟部提升食品產業技術與驗證工作。

28. 消費期／賞味期（Used by Date/Best Before Date）　　　　徐維敦

- 日本食品的到期日期顯示消費期限（質量易迅速腐敗食品主體，如：三明治、生麵條等）和賞味期限（相對較慢的食品的質量劣化的問題，例如，甜點、杯麵、罐頭等）兩種類型。
- 標示自1995年4月開始改爲「消費期限」和「賞味期限」兩種。
- 消費期限（use-by date），即爲「可以安心食用的期限」。賞味期限（best before date），即爲「在此期間內享用最爲美味」的意思。
- 我國食品安全衛生管理法第22條規定之有效日期，係指食品在特定儲存條件下，市售包裝食品可保持產品價值的最終期限，應爲時間點，例如「有效日期：○年○月○日」。
- 食品之「有效日期」會受到所使用的原料、製造過程，以及運輸、儲存及販售環境等因素的影響，應依前述之個別情況設計保存試驗，據以研訂保存期限。食品製造業者有責任自行評估，或委由相關食品專家執行有效日期訂定評估計畫。

	中華民國	日本	
		消費期限	賞味期限
意義	有效日期之標示，應印刷於容器或外包裝之上，並依習慣能辨明之方式標明年月日。但保存期限在三個月以上者，其有效日期得僅標明年月，並以當月之末日爲終止日。	可以安心食用的期限。特定方法保存，在標示日期前不存在腐敗、敗壞、不安全性的疑慮。	• 在此期間內享用最爲美味。預期足以控制質量的截止日期。 • 過了賞味期限仍可安全食用，然而美味程度會降低。
	食品之「有效日期」會受到所使用的原料、製造過程，以及運輸、儲存及販售環境等因素的影響，應依前述之個別情況設計保存試驗，據以研訂保存期限。	※這兩個日期前打開包裝的最佳期限。 ※前提是以規定方法保存。	
食品對象	食品有完整的固封包裝保存，其容器或外包裝（未包裝的即食食品不包括在內）。	質量易迅速腐敗食品（消費期限通常爲製造日後的五日內）。	相對較慢的食品的質量劣化。
食品對象例	固封的便當、壽司、飲料、烘焙、麵包、肉品。奶粉、牛奶、茶飲、餅乾、麵條、鮪魚罐頭等。	三明治、生麵條等。	甜點、杯麵、罐頭等。
期限設定	食品製造業者有責任自行評估，或委由相關食品專家執行有效日期訂定評估計畫。	食品製造商根據食品科學知識訂定合理的保存期限。	

29. 公共討論會（Forum） 徐維敦

依據主題，所有的參與者進行想法和訊息的交流與共享。

30. 議題討論會（Symposium） 徐維敦

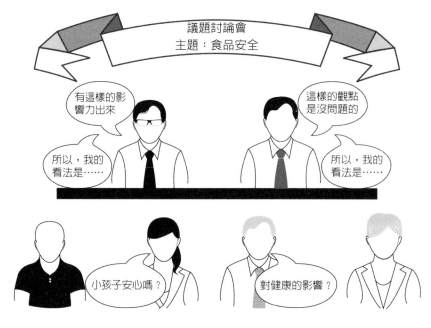

31. 小組討論會（Panel Discussion）

徐維敦

32. 焦點團體訪談法（Focus Group Interview Method）

徐維敦

- 焦點團體訪談的特色在於明確地善用團體中成員互動過程來促使成員們表達他們個人豐富的經驗及想法。
- 藉由團體互動過程來刺激思考及想法，使成員能在不同意見交流激盪下，找到一個新問題。

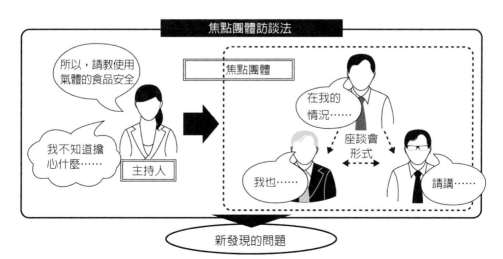

33. 破冰（Ice Break）　　　　　　　　　　　　　　　　　　　　徐維敦

- 破冰活動是以緩解參與者的壓力，在互相不認識的聚會先創建一個小遊戲，來打破組織僵硬的氣氛。

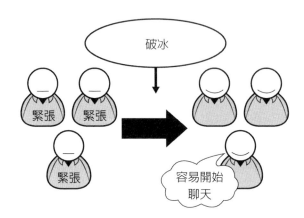

34. 世界咖啡館的手法（World Cafe）　　　　　　　　　　　　　徐維敦

- 一種在輕鬆的氛圍中，透過彈性的小團體討論，真誠對話分享個人見地，產生團體智慧的討論方式。
- 在討論中，可以帶動同步對話、反思問題、分享共同知識、引導參與者從集體智慧當中形構集體行動方案。

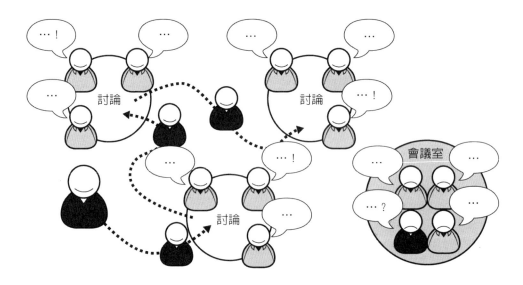

35. 混淆（Confounding）　　　　　　　　　　　　　　　　　李明清

　　探討疾病與要因時，會有其他另外的因素影響叫作混淆，例如探討抽菸跟肺病的關係，會出現喝酒是否也會影響造成肺病，因為喝酒與抽菸在人類行為上有密切的關係，這叫混淆。

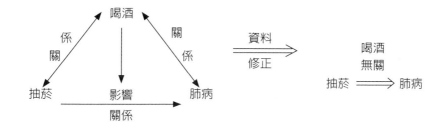

＋知識補充站
經過調查及資料修正之後，才能將混淆因素排除。

36. 帶出（Carry Over）　　　　　　　　　　　　　　　　　李明清

　　食品原料中含有某種添加物，在製造加工過程中，仍然殘留在最終製品當中，叫作帶出（Carry Over），食品添加物在最終製品中不發揮效果者，不必標示，仍然發揮效果者則要標示。

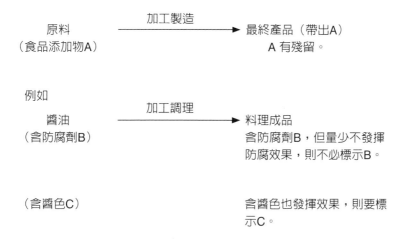

37. 工作坊（Workshop）

李明清

- 比較小型的講習會或研討會。
- 為了創新的專案或發展某種技術、一小群人經由作業討論後發表來做意見交換。
- 經常以分組討論方式行之。

38. 生物濃縮（Biomanification）（生物累積）

李明清

　　人類在生活上大量使用各種化學物質，其化學毒性進入環境當中，經過食物鏈生產者→初級消費者→次級消費者，而累積於體內之現象。

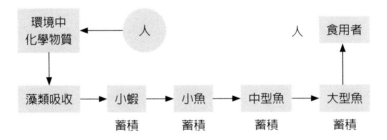

39. 溶出試驗 (Elution Test)

李明清

直接與食品接觸的器具、容器及包裝材料,利用不同的溶媒及條件之下,模擬消費者使用狀況試驗其溶出的重金屬及化學物質之實驗叫作溶出試驗。例如盛裝100℃以上的低酸性食品,則以水在95℃環境下放置30分鐘來模擬試驗。

食品器具、容器及包裝

用途別	溶媒	溶出條件
pH 5以上 100℃以下	水	60℃×30分鐘
pH 5以上 100℃以上	水	95℃×30分鐘
pH 5以下 100℃以下	4%醋酸	60℃×30分鐘
pH 5以下100℃以上	4%醋酸	95℃×30分鐘
油脂及脂肪性	正庚烷	25℃×1小時
酒類	20%酒精溶液	60℃×30分鐘

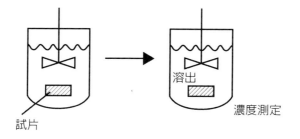

試片　　　　溶出　濃度測定

40. 酵素（Enzyme）
李明清

　　酵素也叫作酶，爲一種蛋白質，它對於其所催化的反應類型和基質種類具有高度的專一性，它只是催化反應的作用，其本身並不參加反應的進行。酶的存在只是降低反應的活化能讓反應容易進行。

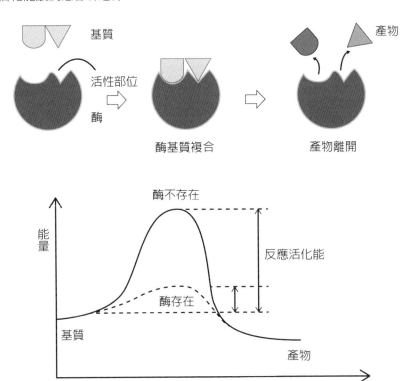

41. KJ法（Kwakita Jiro Method） 李明清

- 日本文化人類學者川喜田二郎倡議的解決問題手法。
- 被收錄在新QC七大手法之一，也叫親和圖法（Affinity Diagram）。
- 用來在無次序的情況之下理出頭緒，從渾沌複雜的狀態中確立問題。
- 是新QC七大手法中，唯一以收斂方式解決問題者。

活動以小組方式進行

1. 題目選定（待解決問題描述）。
2. 每人針對問題，隨機寫出小卡片5～10個。
3. 卡片混合之後，隨機發回到每人手上。
4. 隨機先由任一人打出一張，其他人員把手上卡片認為類似者打出成為一組。
5. 形成一組之後討論以一個名稱來代替整組的意思。
6. 繼續4及5的步驟直到手上卡片全部打出。
7. 允許只有一個卡片為一組。
8. 往上整合收斂為另一階層。
9. 最後得到問題解決的核心。

+ 知識補充站

QC七大手法以數據為基礎尋求問題的解決。
新QC七大手法以語意為基礎尋求問題的解決。

42. 免疫系統（Immunity System）　　　　　　　　李明清

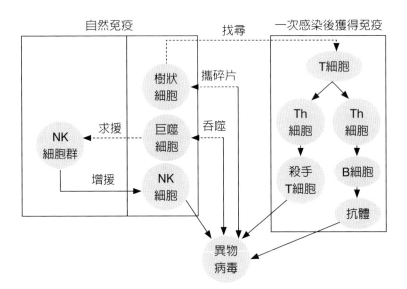

＋知識補充站

1. NK細胞巡視發現病毒時連好細胞一起殺死。

2. 巨噬細胞除了掃除吞噬碎片並發出求援信號，而且分泌白血球進入血液中，讓體溫增高以抑制病毒繁殖。

3. 樹狀細胞拿著病毒標記找尋唯一的病毒剋星T細胞。

4. T細胞只殺死病毒，B細胞的抗體會消滅初生病毒達到完全消滅。

5. 部分T細胞轉化為記憶細胞巡視，下次有相同病毒入侵會馬上辨識消滅之。

　　免疫──生命體對於侵入的異物（例如病毒），可以自動識別之後將之排除的防衛機構就叫作免疫，其系統叫免疫系統。

43. 推斷法（Cohort 向前預期 / 後饋回溯方法）   李明清

- 用「因素」來推斷「病因」叫「向前預期法」。
- 用「結果病例」來推斷影響因素叫「後饋回溯法」。

例如

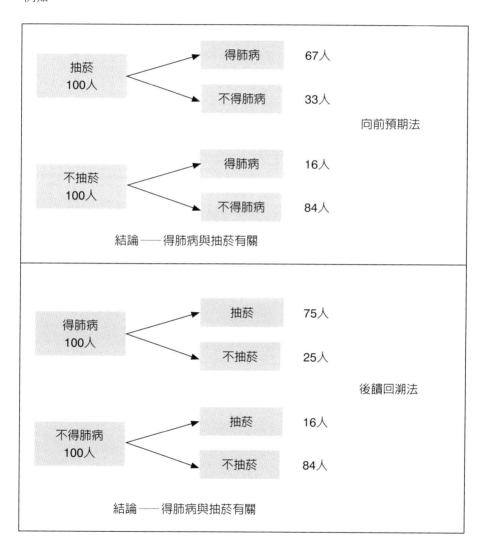

附錄二
食品安全衛生管理法

中華民國六十四年一月二十八日總統令公布
中華民國七十二年十一月十一日總統令修正公布
中華民國八十六年五月七日總統令修正公布
中華民國八十九年二月九日總統令修正公布
中華民國九十一年一月三十日總統令修正公布
中華民國九十七年六月十一日總統令修正公布
中華民國九十九年一月二十七日總統令修正公布
中華民國一百年六月二十二日總統令修正公布
中華民國一百零一年八月八日總統令修正公布
中華民國一百零二年六月十九日總統令修正公布
中華民國一百零三年二月五日總統令修正公布
中華民國一百零三年十二月十日總統令修正公布
中華民國一百零四年二月四日總統令修正公布
中華民國一百零四年十二月十六日總統令修正公布
中華民國一百零六年十一月十五日總統令修正公布
中華民國一百零七年一月二十四日總統令修正公布
中華民國一百零八年四月三日總統令修正公布
中華民國一百零八年四月十七日總統令修正公布
中華民國一百零八年六月十二日總統令修正公布

第一章　總　則

第　1　條　爲管理食品衛生安全及品質，維護國民健康，特制定本法。

第　2　條　本法所稱主管機關：在中央爲衛生福利主管機關；在直轄市爲直轄市政府；在縣（市）爲縣（市）政府。

第 2-1 條　爲加強全國食品安全事務之協調、監督、推動及查緝，行政院應設食品安全會報，由行政院院長擔任召集人，召集相關部會首長、專家學者及民間團體代表共同組成，職司跨部會協調食品安全風險評估及管理措施，建立食品安全衛生之預警及稽核制度，至少每三個月開會一次，必要時得召開臨時會議。召集人應指定一名政務委員或部會首長擔任食品安全會報執行長，並由中央主管機關負責幕僚事務。各直轄市、縣（市）政府應設食品安全會報，由各該直轄市、縣（市）政府首長擔任召集人，職司跨局處協調食品安全衛生管理措施，至少每三個月舉行會議一次。第一項食品安全會報決議之事項，各相關部會應落實執行，行政院應每季追蹤管考對外公告，並納入每年向立法院提出之施政方針及施政報告。第一項之食品安全會報之組成、任務、議

事程序及其他應遵行事項，由行政院定之。

第 3 條　本法用詞，定義如下：

一、食品：指供人飲食或咀嚼之產品及其原料。

二、特殊營養食品：指嬰兒與較大嬰兒配方食品、特定疾病配方食品及其他經中央主管機關許可得供特殊營養需求者使用之配方食品。

三、食品添加物：指為食品著色、調味、防腐、漂白、乳化、增加香味、安定品質、促進發酵、增加稠度、強化營養、防止氧化或其他必要目的，加入、接觸於食品之單方或複方物質。複方食品添加物使用之添加物僅限由中央主管機關准用之食品添加物組成，前述准用之單方食品添加物皆應有中央主管機關之准用許可字號。

四、食品器具：指與食品或食品添加物直接接觸之器械、工具或器皿。

五、食品容器或包裝：指與食品或食品添加物直接接觸之容器或包裹物。

六、食品用洗潔劑：指用於消毒或洗滌食品、食品器具、食品容器或包裝之物質。

七、食品業者：指從事食品或食品添加物之製造、加工、調配、包裝、運送、貯存、販賣、輸入、輸出或從事食品器具、食品容器或包裝、食品用洗潔劑之製造、加工、輸入、輸出或販賣之業者。

八、標示：指於食品、食品添加物、食品用洗潔劑、食品器具、食品容器或包裝上，記載品名或為說明之文字、圖畫、記號或附加之說明書。

九、營養標示：指於食品容器或包裝上，記載食品之營養成分、含量及營養宣稱。

十、查驗：指查核及檢驗。

十一、基因改造：指使用基因工程或分子生物技術，將遺傳物質轉移或轉殖入活細胞或生物體，產生基因重組現象，使表現具外源基因特性或使自身特定基因無法表現之相關技術。但不包括傳統育種、同科物種之細胞及原生質體融合、雜交、誘變、體外受精、體細胞變異及染色體倍增等技術。

十二、加工助劑：指在食品或食品原料之製造加工過程中，為達特定加工目的而使用，非作為食品原料或食品容器具之物質。該物質於最終產品中不產生功能，食品以其成品形式包裝之前應從食品中除去，其可能存在非有意，且無法避免之殘留。

第二章　食品安全風險管理

第　4　條　　主管機關採行之食品安全衛生管理措施應以風險評估爲基礎，符合滿足國民享有之健康、安全食品以及知的權利、科學證據原則、事先預防原則、資訊透明原則，建構風險評估以及諮議體系。

前項風險評估，中央主管機關應召集食品安全、毒理與風險評估等專家學者及民間團體組成食品風險評估諮議會爲之。其成員單一性別不得少於三分之一。

第一項諮議體系應就食品衛生安全與營養、基因改造食品、食品廣告標示、食品檢驗方法等成立諮議會，召集食品安全、營養學、醫學、毒理、風險管理、農業、法律、人文社會領域相關具有專精學者組成之。其成員單一性別不得少於三分之一。

諮議會委員議事之迴避，準用行政程序法第三十二條之規定；諮議會之組成、議事、程序與範圍及其他應遵行事項之辦法，由中央主管機關定之。

中央主管機關對重大或突發性食品衛生安全事件，必要時得依預警原則、風險評估或流行病學調查結果，公告對特定產品或特定地區之產品採取下列管理措施：

一、限制或停止輸入查驗、製造及加工之方式或條件。

二、下架、封存、限期回收、限期改製、沒入銷毀。

第　5　條　　各級主管機關依科學實證，建立食品衛生安全監測體系，於監測發現有危害食品衛生安全之虞之事件發生時，應主動查驗，並發布預警或採行必要管制措施。

前項主動查驗、發布預警或採行必要管制措施，包含主管機關應抽樣檢驗、追查原料來源、產品流向、公布檢驗結果及揭露資訊，並令食品業者自主檢驗。

第　6　條　　各級主管機關應設立通報系統，劃分食品引起或感染症中毒，由衛生福利部食品藥物管理署或衛生福利部疾病管制署主管之，蒐集並受理疑似食品中毒事件之通報。

醫療機構診治病人時發現有疑似食品中毒之情形，應於二十四小時內向當地主管機關報告。

第三章　食品業者衛生管理

第　7　條　　食品業者應實施自主管理，訂定食品安全監測計畫，確保食品衛生安全。

食品業者應將其產品原材料、半成品或成品，自行或送交其他檢驗機關（構）、法人或團體檢驗。

上市、上櫃及其他經中央主管機關公告類別及規模之食品業者，應設

置實驗室，從事前項自主檢驗。

第一項應訂定食品安全監測計畫之食品業者類別與規模，與第二項應辦理檢驗之食品業者類別與規模、最低檢驗週期，及其他相關事項，由中央主管機關公告。

食品業者於發現產品有危害衛生安全之虞時，應即主動停止製造、加工、販賣及辦理回收，並通報直轄市、縣（市）主管機關。

第 8 條　食品業者之從業人員、作業場所、設施衛生管理及其品保制度，均應符合食品之良好衛生規範準則。

經中央主管機關公告類別及規模之食品業，應符合食品安全管制系統準則之規定。

經中央主管機關公告類別及規模之食品業者，應向中央或直轄市、縣（市）主管機關申請登錄，始得營業。

第一項食品之良好衛生規範準則、第二項食品安全管制系統準則，及前項食品業者申請登錄之條件、程序、應登錄之事項與申請變更、登錄之廢止、撤銷及其他應遵行事項之辦法，由中央主管機關定之。

經中央主管機關公告類別及規模之食品業者，應取得衛生安全管理系統之驗證。

前項驗證，應由中央主管機關認證之驗證機構辦理；有關申請、撤銷與廢止認證之條件或事由，執行驗證之收費、程序、方式及其他相關事項之管理辦法，由中央主管機關定之。

第 9 條　食品業者應保存產品原材料、半成品及成品之來源相關文件。

經中央主管機關公告類別與規模之食品業者，應依其產業模式，建立產品原材料、半成品與成品供應來源及流向之追溯或追蹤系統。

中央主管機關為管理食品安全衛生及品質，確保食品追溯或追蹤系統資料之正確性，應就前項之業者，依溯源之必要性，分階段公告使用電子發票。

中央主管機關應建立第二項之追溯或追蹤系統，食品業者應以電子方式申報追溯或追蹤系統之資料，其電子申報方式及規格由中央主管機關定之。

第一項保存文件種類與期間及第二項追溯或追蹤系統之建立、應記錄之事項、查核及其他應遵行事項之辦法，由中央主管機關定之。

第 10 條　食品業者之設廠登記，應由工業主管機關會同主管機關辦理。

食品工廠之建築及設備，應符合設廠標準；其標準，由中央主管機關會同中央工業主管機關定之。

食品或食品添加物之工廠應單獨設立，不得於同一廠址及廠房同時從事非食品之製造、加工及調配。但經中央主管機關查核符合藥物優良製造準則之藥品製造業兼製食品者，不在此限。

本法中華民國一百零三年十一月十八日修正條文施行前，前項之工廠

未單獨設立者，由中央主管機關於修正條文施行後六個月內公告，並應於公告後一年內完成辦理。

第　11　條　經中央主管機關公告類別及規模之食品業者，應置衛生管理人員。

前項衛生管理人員之資格、訓練、職責及其他應遵行事項之辦法，由中央主管機關定之。

第　12　條　經中央主管機關公告類別及規模之食品業者，應置一定比率，並領有專門職業或技術證照之食品、營養、餐飲等專業人員，辦理食品衛生安全管理事項。

前項應聘用專門職業或技術證照人員之設置、職責、業務之執行及管理辦法，由中央主管機關定之。

第　13　條　經中央主管機關公告類別及規模之食品業者，應投保產品責任保險。

前項產品責任保險之保險金額及契約內容，由中央主管機關定之。

第　14　條　公共飲食場所衛生之管理辦法，由直轄市、縣（市）主管機關依中央主管機關訂定之各類衛生標準或法令定之。

第四章　食品衛生管理

第　15　條　食品或食品添加物有下列情形之一者，不得製造、加工、調配、包裝、運送、貯存、販賣、輸入、輸出、作為贈品或公開陳列：

一、變質或腐敗。

二、未成熟而有害人體健康。

三、有毒或含有害人體健康之物質或異物。

四、染有病原性生物，或經流行病學調查認定屬造成食品中毒之病因。

五、殘留農藥或動物用藥含量超過安全容許量。

六、受原子塵或放射能污染，其含量超過安全容許量。

七、攙偽或假冒。

八、逾有效日期。

九、從未於國內供作飲食且未經證明為無害人體健康。

十、添加未經中央主管機關許可之添加物。

前項第五款、第六款殘留農藥或動物用藥安全容許量及食品中原子塵或放射能污染安全容許量之標準，由中央主管機關會商相關機關定之。

第一項第三款有害人體健康之物質，包括雖非疫區而近十年內有發生牛海綿狀腦病或新型庫賈氏症病例之國家或地區牛隻之頭骨、腦、眼睛、脊髓、絞肉、內臟及其他相關產製品。

國內外之肉品及其他相關產製品，除依中央主管機關根據國人膳食習慣為風險評估所訂定安全容許標準者外，不得檢出乙型受體素。

國內外如發生因食用安全容許殘留乙型受體素肉品導致中毒案例時，應立即停止含乙型受體素之肉品進口；國內經確認有因食用致中毒之個案，政府應負照護責任，並協助向廠商請求損害賠償。

第 15-1 條　中央主管機關對於可供食品使用之原料，得限制其製造、加工、調配之方式或條件、食用部位、使用量、可製成之產品型態或其他事項。

前項應限制之原料品項及其限制事項，由中央主管機關公告之。

第 16 條　食品器具、食品容器或包裝、食品用洗潔劑有下列情形之一，不得製造、販賣、輸入、輸出或使用：

一、有毒者。

二、易生不良化學作用者。

三、足以危害健康者。

四、其他經風險評估有危害健康之虞者。

第 17 條　販賣之食品、食品用洗潔劑及其器具、容器或包裝，應符合衛生安全及品質之標準；其標準由中央主管機關定之。

第 18 條　食品添加物之品名、規格及其使用範圍、限量標準，由中央主管機關定之。

前項標準之訂定，必須以可以達到預期效果之最小量爲限制，且依據國人膳食習慣爲風險評估，同時必須遵守規格標準之規定。

第 18-1 條　食品業者使用加工助劑於食品或食品原料之製造，應符合安全衛生及品質之標準；其標準由中央主管機關定之。

加工助劑之使用，不得有危害人體健康之虞之情形。

第 19 條　第十五條第二項及前二條規定之標準未訂定前，中央主管機關爲突發事件緊急應變之需，於無法取得充分之實驗資料時，得訂定其暫行標準。

第 20 條　屠宰場內畜禽屠宰及分切之衛生查核，由農業主管機關依相關法規之規定辦理。

運送過程之屠體、內臟及其分切物於交付食品業者後之衛生查核，由衛生主管機關爲之。

食品業者所持有之屠體、內臟及其分切物之製造、加工、調配、包裝、運送、貯存、販賣、輸入或輸出之衛生管理，由各級主管機關依本法之規定辦理。

第二項衛生查核之規範，由中央主管機關會同中央農業主管機關定之。

第 21 條　經中央主管機關公告之食品、食品添加物、食品器具、食品容器或包裝及食品用洗潔劑，其製造、加工、調配、改裝、輸入或輸出，非經中央主管機關查驗登記並發給許可文件，不得爲之；其登記事項有變更者，應事先向中央主管機關申請審查核准。

食品所含之基因改造食品原料非經中央主管機關健康風險評估審查，

並查驗登記發給許可文件，不得供作食品原料。

經中央主管機關查驗登記並發給許可文件之基因改造食品原料，其輸入業者應依第九條第五項所定辦法，建立基因改造食品原料供應來源及流向之追溯或追蹤系統。

第一項及第二項許可文件，其有效期間為一年至五年，由中央主管機關核定之；期滿仍需繼續製造、加工、調配、改裝、輸入或輸出者，應於期滿前三個月內，申請中央主管機關核准展延。但每次展延，不得超過五年。

第一項及第二項許可之廢止、許可文件之發給、換發、補發、展延、移轉、註銷及登記事項變更等管理事項之辦法，由中央主管機關定之。第一項及第二項之查驗登記，得委託其他機構辦理；其委託辦法，由中央主管機關定之。

本法中華民國一百零三年一月二十八日修正前，第二項未辦理查驗登記之基因改造食品原料，應於公布後二年內完成辦理。

第五章　食品標示及廣告管理

第 22 條　食品及食品原料之容器或外包裝，應以中文及通用符號，明顯標示下列事項：

一、品名。

二、內容物名稱；其為二種以上混合物時，應依其含量多寡由高至低分別標示之。

三、淨重、容量或數量。

四、食品添加物名稱；混合二種以上食品添加物，以功能性命名者，應分別標明添加物名稱。

五、製造廠商或國內負責廠商名稱、電話號碼及地址。國內通過農產品生產驗證者，應標示可追溯之來源；有中央農業主管機關公告之生產系統者，應標示生產系統。

六、原產地（國）。

七、有效日期。

八、營養標示。

九、含基因改造食品原料。

十、其他經中央主管機關公告之事項。

前項第二款內容物之主成分應標明所佔百分比，其應標示之產品、主成分項目、標示內容、方式及各該產品實施日期，由中央主管機關另定之。

第一項第八款及第九款標示之應遵行事項，由中央主管機關公告之。

第一項第五款僅標示國內負責廠商名稱者，應將製造廠商、受託製造

廠商或輸入廠商之名稱、電話號碼及地址通報轄區主管機關；主管機關應開放其他主管機關共同查閱。

第 23 條　食品因容器或外包裝面積、材質或其他之特殊因素，依前條規定標示顯有困難者，中央主管機關得公告免一部之標示，或以其他方式標示。

第 24 條　食品添加物及其原料之容器或外包裝，應以中文及通用符號，明顯標示下列事項：

一、品名。

二、「食品添加物」或「食品添加物原料」字樣。

三、食品添加物名稱；其為二種以上混合物時，應分別標明。其標示應以第十八條第一項所定之品名或依中央主管機關公告之通用名稱為之。

四、淨重、容量或數量。

五、製造廠商或國內負責廠商名稱、電話號碼及地址。

六、有效日期。

七、使用範圍、用量標準及使用限制。

八、原產地（國）。

九、含基因改造食品添加物之原料。

十、其他經中央主管機關公告之事項。

食品添加物之原料，不受前項第三款、第七款及第九款之限制。前項第三款食品添加物之香料成分及第九款標示之應遵行事項，由中央主管機關公告之。

第一項第五款僅標示國內負責廠商名稱者，應將製造廠商、受託製造廠商或輸入廠商之名稱、電話號碼及地址通報轄區主管機關；主管機關應開放其他主管機關共同查閱。

第 25 條　中央主管機關得對直接供應飲食之場所，就其供應之特定食品，要求以中文標示原產地及其他應標示事項；對特定散裝食品販賣者，得就其販賣之地點、方式予以限制，或要求以中文標示品名、原產地（國）、含基因改造食品原料、製造日期或有效日期及其他應標示事項。國內通過農產品生產驗證者，應標示可追溯之來源；有中央農業主管機關公告之生產系統者，應標示生產系統。

前項特定食品品項、應標示事項、方法及範圍；與特定散裝食品品項、限制方式及應標示事項，由中央主管機關公告之。

第一項應標示可追溯之來源或生產系統規定，自中華民國一百零四年一月二十日修正公布後六個月施行。

第 26 條　經中央主管機關公告之食品器具、食品容器或包裝，應以中文及通用符號，明顯標示下列事項：

一、品名。

　　　　　二、材質名稱及耐熱溫度；其爲二種以上材質組成者，應分別標明。

　　　　　三、淨重、容量或數量。

　　　　　四、國內負責廠商之名稱、電話號碼及地址。

　　　　　五、原產地（國）。

　　　　　六、製造日期；其有時效性者，並應加註有效日期或有效期間。

　　　　　七、使用注意事項或微波等其他警語。

　　　　　八、其他經中央主管機關公告之事項。

第 27 條　食品用洗潔劑之容器或外包裝，應以中文及通用符號，明顯標示下列事項：

　　　　　一、品名。

　　　　　二、主要成分之化學名稱；其爲二種以上成分組成者，應分別標明。

　　　　　三、淨重或容量。

　　　　　四、國內負責廠商名稱、電話號碼及地址。

　　　　　五、原產地（國）。

　　　　　六、製造日期；其有時效性者，並應加註有效日期或有效期間。

　　　　　七、適用對象或用途。

　　　　　八、使用方法及使用注意事項或警語。

　　　　　九、其他經中央主管機關公告之事項。

第 28 條　食品、食品添加物、食品用洗潔劑及經中央主管機關公告之食品器具、食品容器或包裝，其標示、宣傳或廣告，不得有不實、誇張或易生誤解之情形。

　　　　　食品不得爲醫療效能之標示、宣傳或廣告。

　　　　　中央主管機關對於特殊營養食品、易導致慢性病或不適合兒童及特殊需求者長期食用之食品，得限制其促銷或廣告；其食品之項目、促銷或廣告之限制與停止刊播及其他應遵行事項之辦法，由中央主管機關定之。

　　　　　第一項不實、誇張或易生誤解與第二項醫療效能之認定基準、宣傳或廣告之內容、方式及其他應遵行事項之準則，由中央主管機關定之。

第 29 條　接受委託刊播之傳播業者，應自廣告之日起六個月，保存委託刊播廣告者之姓名或名稱、國民身分證統一編號、公司、商號、法人或團體之設立登記文件號碼、住居所或事務所、營業所及電話等資料，且於主管機關要求提供時，不得規避、妨礙或拒絕。

第六章　食品輸入管理

第 30 條　輸入經中央主管機關公告之食品、基因改造食品原料、食品添加物、食品器具、食品容器或包裝及食品用洗潔劑時，應依海關專屬貨品分類號列，向中央主管機關申請查驗並申報其產品有關資訊。

執行前項規定，查驗績效優良之業者，中央主管機關得採取優惠之措施。

輸入第一項產品非供販賣，且其金額、數量符合中央主管機關公告或經中央主管機關專案核准者，得免申請查驗。

第 31 條　前條產品輸入之查驗及申報，中央主管機關得委任、委託相關機關（構）、法人或團體辦理。

第 32 條　主管機關為追查或預防食品衛生安全事件，必要時得要求食品業者、非食品業者或其代理人提供輸入產品之相關紀錄、文件及電子檔案或資料庫，食品業者、非食品業者或其代理人不得規避、妨礙或拒絕。

食品業者應就前項輸入產品、基因改造食品原料之相關紀錄、文件及電子檔案或資料庫保存五年。

前項應保存之資料、方式及範圍，由中央主管機關公告之。

第 33 條　輸入產品因性質或其查驗時間等條件特殊者，食品業者得向查驗機關申請具結先行放行，並於特定地點存放。查驗機關審查後認定應繳納保證金者，得命其繳納保證金後，准予具結先行放行。

前項具結先行放行之產品，其存放地點得由食品業者或其代理人指定；產品未取得輸入許可前，不得移動、啟用或販賣。

第三十條、第三十一條及本條第一項有關產品輸入之查驗、申報或查驗、申報之委託、優良廠商輸入查驗與申報之優惠措施、輸入產品具結先行放行之條件、應繳納保證金之審查基準、保證金之收取標準及其他應遵行事項之辦法，由中央主管機關定之。

第 34 條　中央主管機關遇有重大食品衛生安全事件發生，或輸入產品經查驗不合格之情況嚴重時，得就相關業者、產地或產品，停止其查驗申請。

第 35 條　中央主管機關對於管控安全風險程度較高之食品，得於其輸入前，實施系統性查核。

前項實施系統性查核之產品範圍、程序及其他相關事項之辦法，由中央主管機關定之。

中央主管機關基於源頭管理需要或因個別食品衛生安全事件，得派員至境外，查核該輸入食品之衛生安全管理等事項。

食品業者輸入食品添加物，其屬複方者，應檢附原產國之製造廠商或負責廠商出具之產品成分報告及輸出國之官方衛生證明，供各級主管機關查核。但屬香料者，不在此限。

第 36 條　境外食品、食品添加物、食品器具、食品容器或包裝及食品用洗潔劑對民眾之身體或健康有造成危害之虞，經中央主管機關公告者，旅客攜帶入境時，應檢附出產國衛生主管機關開具之衛生證明文件申報之；對民眾之身體或健康有嚴重危害者，中央主管機關並得公告禁止旅客攜帶入境。

違反前項規定之產品，不問屬於何人所有，沒入銷毀之。

第七章　食品檢驗

第 37 條　食品、食品添加物、食品器具、食品容器或包裝及食品用洗潔劑之檢驗，由各級主管機關或委任、委託經認可之相關機關（構）、法人或團體辦理。

中央主管機關得就前項受委任、委託之相關機關（構）、法人或團體，辦理認證；必要時，其認證工作，得委任、委託相關機關（構）、法人或團體辦理。

前二項有關檢驗之委託、檢驗機關（構）、法人或團體認證之條件與程序、委託辦理認證工作之程序及其他相關事項之管理辦法，由中央主管機關定之。

第 38 條　各級主管機關執行食品、食品添加物、食品器具、食品容器或包裝及食品用洗潔劑之檢驗，其檢驗方法，經食品檢驗方法諮議會諮議，由中央主管機關定之；未定檢驗方法者，得依國際間認可之方法爲之。

第 39 條　食品業者對於檢驗結果有異議時，得自收受通知之日起十五日內，向原抽驗之機關（構）申請複驗；受理機關（構）應於三日內進行複驗。但檢體無適當方法可資保存者，得不受理之。

第 40 條　發布食品衛生檢驗資訊時，應同時公布檢驗方法、檢驗單位及結果判讀依據。

第八章　食品查核及管制

第 41 條　直轄市、縣（市）主管機關爲確保食品、食品添加物、食品器具、食品容器或包裝及食品用洗潔劑符合本法規定，得執行下列措施，業者應配合，不得規避、妨礙或拒絕：

一、進入製造、加工、調配、包裝、運送、貯存、販賣場所執行現場查核及抽樣檢驗。

二、爲前款查核或抽樣檢驗時，得要求前款場所之食品業者提供原料或產品之來源及數量、作業、品保、販賣對象、金額、其他佐證資料、證明或紀錄，並得查閱、扣留或複製之。

三、查核或檢驗結果證實爲不符合本法規定之食品、食品添加物、食品器具、食品容器或包裝及食品用洗潔劑，應予封存。

四、對於有違反第八條第一項、第十五條第一項、第四項、第十六條、中央主管機關依第十七條、第十八條或第十九條所定標準之虞者，得命食品業者暫停作業及停止販賣，並封存該產品。

五、接獲通報疑似食品中毒案件時，對於各該食品業者，得命其限期改善或派送相關食品從業人員至各級主管機關認可之機關（構），接受至少四小時之食品中毒防治衛生講習；調查期間，並得命其暫停作業、停止販賣及進行消毒，並封存該產品。

中央主管機關於必要時，亦得為前項規定之措施。

第 42 條　前條查核、檢驗與管制措施及其他應遵行事項之辦法，由中央主管機關定之。

第 42-1 條　為維護食品安全衛生，有效遏止廠商之違法行為，警察機關應派員協助主管機關。

第 43 條　主管機關對於檢舉查獲違反本法規定之食品、食品添加物、食品器具、食品容器或包裝、食品用洗潔劑、標示、宣傳、廣告或食品業者，除應對檢舉人身分資料嚴守秘密外，並得酌予獎勵。公務員如有洩密情事，應依法追究刑事及行政責任。

前項主管機關受理檢舉案件之管轄、處理期間、保密、檢舉人獎勵及其他應遵行事項之辦法，由中央主管機關定之。

第一項檢舉人身分資料之保密，於訴訟程序，亦同。

第九章　罰則

第 44 條　有下列行為之一者，處新臺幣六萬元以上二億元以下罰鍰；情節重大者，並得命其歇業、停業一定期間、廢止其公司、商業、工廠之全部或部分登記事項，或食品業者之登錄；經廢止登錄者，一年內不得再申請重新登錄：

一、違反第八條第一項或第二項規定，經命其限期改正，屆期不改正。

二、違反第十五條第一項、第四項或第十六條規定。

三、經主管機關依第五十二條第二項規定，命其回收、銷毀而不遵行。

四、違反中央主管機關依第五十四條第一項所為禁止其製造、販賣、輸入或輸出之公告。

前項罰鍰之裁罰標準，由中央主管機關定之。

第 45 條　違反第二十八條第一項或中央主管機關依第二十八條第三項所定辦法者，處新臺幣四萬元以上四百萬元以下罰鍰；違反同條第二項規定者，處新臺幣六十萬元以上五百萬元以下罰鍰；再次違反者，並得命其歇業、停業一定期間、廢止其公司、商業、工廠之全部或部分登記事項，或食品業者之登錄；經廢止登錄者，一年內不得再申請重新登錄。

違反前項廣告規定之食品業者，應按次處罰至其停止刊播為止。

違反第二十八條有關廣告規定之一，情節重大者，除依前二項規定處分外，主管機關並應命其不得販賣、供應或陳列；且應自裁處書送達之日起三十日內，於原刊播之同一篇幅、時段，刊播一定次數之更正廣告，其內容應載明表達歉意及排除錯誤之訊息。

違反前項規定，繼續販賣、供應、陳列或未刊播更正廣告者，處新臺幣十二萬元以上六十萬元以下罰鍰。

第 46 條　傳播業者違反第二十九條規定者，處新臺幣六萬元以上三十萬元以下罰鍰，並得按次處罰。

直轄市、縣（市）主管機關為前條第一項處罰時，應通知傳播業者及其直轄市、縣（市）主管機關或目的事業主管機關。傳播業者自收到該通知之次日起，應即停止刊播。

傳播業者未依前項規定停止刊播違反第二十八條第一項或第二項規定，或違反中央主管機關依第二十八條第三項所為廣告之限制或所定辦法中有關停止廣告之規定者，處新臺幣十二萬元以上六十萬元以下罰鍰，並應按次處罰至其停止刊播為止。

傳播業者經依第二項規定通知後，仍未停止刊播者，直轄市、縣（市）主管機關除依前項規定處罰外，並通知傳播業者之直轄市、縣（市）主管機關或其目的事業主管機關依相關法規規定處理。

第 46-1 條　散播有關食品安全之謠言或不實訊息，足生損害於公眾或他人者，處三年以下有期徒刑、拘役或新臺幣一百萬元以下罰金。

第 47 條　有下列行為之一者，處新臺幣三萬元以上三百萬元以下罰鍰；情節重大者，並得命其歇業、停業一定期間、廢止其公司、商業、工廠之全部或部分登記事項，或食品業者之登錄；經廢止登錄者，一年內不得再申請重新登錄：

一、違反中央主管機關依第四條所為公告。

二、違反第七條第五項規定。

三、食品業者依第八條第三項、第九條第二項或第四項規定所登錄、建立或申報之資料不實，或依第九條第三項開立之電子發票不實致影響食品追溯或追蹤之查核。

四、違反第十一條第一項或第十二條第一項規定。

五、違反中央主管機關依第十三條所為投保產品責任保險之規定。

六、違反直轄市或縣（市）主管機關依第十四條所定管理辦法中有關公共飲食場所安全衛生之規定。

七、違反中央主管機關依第十八條之一第一項所定標準之規定，經命其限期改正，屆期不改正。

八、違反第二十一條第一項及第二項、第二十二條第一項或依第二項及第三項公告之事項、第二十四條第一項或依第二項公告之事項、第二十六條或第二十七條規定。

九、除第四十八條第九款規定者外，違反中央主管機關依第十八條所定標準中有關食品添加物規格及其使用範圍、限量之規定。

十、違反中央主管機關依第二十五條第二項所為之公告。

十一、規避、妨礙或拒絕本法所規定之查核、檢驗、查扣或封存。

十二、對依本法規定應提供之資料，拒不提供或提供資料不實。

十三、經依本法規定命暫停作業或停止販賣而不遵行。

十四、違反第三十條第一項規定，未辦理輸入產品資訊申報，或申報之資訊不實。

十五、違反第五十三條規定。

第　48　條　有下列行為之一者，經命限期改正，屆期不改正者，處新臺幣三萬元以上三百萬元以下罰鍰；情節重大者，並得命其歇業、停業一定期間、廢止其公司、商業、工廠之全部或部分登記事項，或食品業者之登錄；經廢止登錄者，一年內不得再申請重新登錄：

一、違反第七條第一項規定未訂定食品安全監測計畫、第二項或第三項規定未設置實驗室。

二、違反第八條第三項規定，未辦理登錄，或違反第八條第五項規定，未取得驗證。

三、違反第九條第一項規定，未保存文件或保存未達規定期限。

四、違反第九條第二項規定，未建立追溯或追蹤系統。

五、違反第九條第三項規定，未開立電子發票致無法為食品之追溯或追蹤。

六、違反第九條第四項規定，未以電子方式申報或未依中央主管機關所定之方式及規格申報。

七、違反第十條第三項規定。

八、違反中央主管機關依第十七條或第十九條所定標準之規定。

九、食品業者販賣之產品違反中央主管機關依第十八條所定食品添加物規格及其使用範圍、限量之規定。

十、違反第二十二條第四項或第二十四條第三項規定，未通報轄區主管機關。

十一、違反第三十五條第四項規定，未出具產品成分報告及輸出國之官方衛生證明。

十二、違反中央主管機關依第十五條之一第二項公告之限制事項。

第 48-1 條　有下列情形之一者，由中央主管機關處新臺幣三萬元以上三百萬元以下罰鍰；情節重大者，並得暫停、終止或廢止其委託或認證；經終止委託或廢止認證者，一年內不得再接受委託或重新申請認證：

一、依本法受託辦理食品業者衛生安全管理驗證，違反依第八條第六項所定之管理規定。

二、依本法認證之檢驗機構、法人或團體，違反依第三十七條第三項所定之認證管理規定。

三、依本法受託辦理檢驗機關（構）、法人或團體認證，違反依第三十七條第三項所定之委託認證管理規定。

第　49　條　有第十五條第一項第三款、第七款、第十款或第十六條第一款行為

　　　　　者，處七年以下有期徒刑，得併科新臺幣八千萬元以下罰金。情節輕微者，處五年以下有期徒刑、拘役或科或併科新臺幣八百萬元以下罰金。

　　　　　有第四十四條至前條行為，情節重大足以危害人體健康之虞者，處七年以下有期徒刑，得併科新臺幣八千萬元以下罰金；致危害人體健康者，處一年以上七年以下有期徒刑，得併科新臺幣一億元以下罰金。

　　　　　犯前項之罪，因而致人於死者，處無期徒刑或七年以上有期徒刑，得併科新臺幣二億元以下罰金；致重傷者，處三年以上十年以下有期徒刑，得併科新臺幣一億五千萬元以下罰金。

　　　　　因過失犯第一項、第二項之罪者，處二年以下有期徒刑、拘役或科新臺幣六百萬元以下罰金。

　　　　　法人之代表人、法人或自然人之代理人、受僱人或其他從業人員，因執行業務犯第一項至第三項之罪者，除處罰其行為人外，對該法人或自然人科以各該項十倍以下之罰金。科罰金時，應審酌刑法第五十八條規定。

第 49-1 條　犯本法之罪，其犯罪所得與追徵之範圍及價額，認定顯有困難時，得以估算認定之；其估算辦法，由行政院定之。

第 49-2 條　經中央主管機關公告類別及規模之食品業者，違反第十五條第一項、第四項或第十六條之規定；或有第四十四條至第四十八條之一之行為致危害人體健康者，其所得之財產或其他利益，應沒入或追繳之。

　　　　　主管機關有相當理由認為受處分人為避免前項處分而移轉其財物或財產上利益於第三人者，得沒入或追繳該第三人受移轉之財物或財產上利益。如全部或一部不能沒入者，應追徵其價額或以其財產抵償之。

　　　　　為保全前二項財物或財產上利益之沒入或追繳，其價額之追徵或財產之抵償，主管機關得依法扣留或向行政法院聲請假扣押或假處分，並免提供擔保。

　　　　　主管機關依本條沒入或追繳違法所得財物、財產上利益、追徵價額或抵償財產之推估計價辦法，由行政院定之。

第 50 條　雇主不得因勞工向主管機關或司法機關揭露違反本法之行為、擔任訴訟程序之證人或拒絕參與違反本法之行為而予解僱、調職或其他不利之處分。

　　　　　雇主或代表雇主行使管理權之人，為前項規定所為之解僱、降調或減薪者，無效。

　　　　　雇主以外之人曾參與違反本法之規定且應負刑事責任之行為，而向主管機關或司法機關揭露，因而破獲雇主違反本法之行為者，減輕或免除其刑。

第 51 條　有下列情形之一者，主管機關得為處分如下：

　　　　　一、有第四十七條第十四款規定情形者，得暫停受理食品業者或其代

理人依第三十條第一項規定所爲之查驗申請；產品已放行者，得視違規之情形，命食品業者回收、銷毀或辦理退運。

二、違反第三十條第三項規定，將免予輸入查驗之產品供販賣者，得停止其免查驗之申請一年。

三、違反第三十三條第二項規定，取得產品輸入許可前，擅自移動、啓用或販賣者，或具結保管之存放地點與實際不符者，沒收所收取之保證金，並於一年內暫停受理該食品業者具結保管之申請；擅自販賣者，並得處販賣價格一倍至二十倍之罰鍰。

第 52 條　食品、食品添加物、食品器具、食品容器或包裝及食品用洗潔劑，經依第四十一條規定查核或檢驗者，由當地直轄市、縣（市）主管機關依查核或檢驗結果，爲下列之處分：

一、有第十五條第一項、第四項或第十六條所列各款情形之一者，應予沒入銷毀。

二、不符合中央主管機關依第十七條、第十八條所定標準，或違反第二十一條第一項及第二項規定者，其產品及以其爲原料之產品，應予沒入銷毀。但實施消毒或採行適當安全措施後，仍可供食用、使用或不影響國人健康者，應通知限期消毒、改製或採行適當安全措施；屆期未遵行者，沒入銷毀之。

三、標示違反第二十二條第一項或依第二項及第三項公告之事項、第二十四條第一項或依第二項公告之事項、第二十六條、第二十七條或第二十八條第一項規定者，應通知限期回收改正，改正前不得繼續販賣；屆期未遵行或違反第二十八條第二項規定者，沒入銷毀之。

四、依第四十一條第一項規定命暫停作業及停止販賣並封存之產品，如經查無前三款之情形者，應撤銷原處分，並予啓封。

前項第一款至第三款應予沒入之產品，應先命製造、販賣或輸入者立即公告停止使用或食用，並予回收、銷毀。必要時，當地直轄市、縣（市）主管機關得代爲回收、銷毀，並收取必要之費用。

前項應回收、銷毀之產品，其回收、銷毀處理辦法，由中央主管機關定之。

製造、加工、調配、包裝、運送、販賣、輸入、輸出第一項第一款或第二款產品之食品業者，由當地直轄市、縣（市）主管機關公布其商號、地址、負責人姓名、商品名稱及違法情節。

輸入第一項產品經通關查驗不符合規定者，中央主管機關應管制其輸入，並得爲第一項各款、第二項及前項之處分。

第 53 條　直轄市、縣（市）主管機關經依前條第一項規定，命限期回收銷毀產品或爲其他必要之處置後，食品業者應依所定期限將處理過程、結果及改善情形等資料，報直轄市、縣（市）主管機關備查。

第 54 條　食品、食品添加物、食品器具、食品容器或包裝及食品用洗潔劑，有第五十二條第一項第一款或第二款情事，除依第五十二條規定處理外，中央主管機關得公告禁止其製造、販賣、輸入或輸出。

前項公告禁止之產品為中央主管機關查驗登記並發給許可文件者，得一併廢止其許可。

第 55 條　本法所定之處罰，除另有規定外，由直轄市、縣（市）主管機關為之，必要時得由中央主管機關為之。但有關公司、商業或工廠之全部或部分登記事項之廢止，由直轄市、縣（市）主管機關於勒令歇業處分確定後，移由工、商業主管機關或其目的事業主管機關為之。

第 55-1 條　依本法所為之行政罰，其行為數認定標準，由中央主管機關定之。

第 56 條　食品業者違反第十五條第一項第三款、第七款、第十款或第十六條第一款規定，致生損害於消費者時，應負賠償責任。但食品業者證明損害非由於其製造、加工、調配、包裝、運送、貯存、販賣、輸入、輸出所致，或於防止損害之發生已盡相當之注意者，不在此限。

消費者雖非財產上之損害，亦得請求賠償相當之金額，並得準用消費者保護法第四十七條至第五十五條之規定提出消費訴訟。

如消費者不易或不能證明其實際損害額時，得請求法院依侵害情節，以每人每一事件新臺幣五百元以上三十萬元以下計算。

直轄市、縣（市）政府受理同一原因事件，致二十人以上消費者受有損害之申訴時，應協助消費者依消費者保護法第五十條之規定辦理。

受消費者保護團體委任代理消費者保護法第四十九條第一項訴訟之律師，就該訴訟得請求報酬，不適用消費者保護法第四十九條第二項後段規定。

第 56-1 條　中央主管機關為保障食品安全事件消費者之權益，得設立食品安全保護基金，並得委託其他機關（構）、法人或團體辦理。

前項基金之來源如下：

一、違反本法罰鍰之部分提撥。

二、依本法科處並繳納之罰金，及因違反本法規定沒收或追徵之現金或變賣所得。

三、依本法或行政罰法規定沒入、追繳、追徵或抵償之不當利得部分提撥。

四、基金孳息收入。

五、捐贈收入。

六、循預算程序之撥款。

七、其他有關收入。

前項第一款及第三款來源，以其處分生效日在中華民國一百零二年六月二十一日以後者適用。

第一項基金之用途如下：

一、補助消費者保護團體因食品衛生安全事件依消費者保護法之規定，提起消費訴訟之律師報酬及訴訟相關費用。

二、補助經公告之特定食品衛生安全事件，有關人體健康風險評估費用。

三、補助勞工因檢舉雇主違反本法之行為，遭雇主解僱、調職或其他不利處分所提之回復原狀、給付工資及損害賠償訴訟之律師報酬及訴訟相關費用。

四、補助依第四十三條第二項所定辦法之獎金。

五、補助其他有關促進食品安全之相關費用。

中央主管機關應設置基金運用管理監督小組，由學者專家、消保團體、社會公正人士組成，監督補助業務。

第四項基金之補助對象、申請資格、審查程序、補助基準、補助之廢止、前項基金運用管理監督小組之組成、運作及其他應遵行事項之辦法，由中央主管機關定之。

第十章　附則

第 57 條　本法關於食品器具或容器之規定，於兒童常直接放入口內之玩具，準用之。

第 58 條　中央主管機關依本法受理食品業者申請審查、檢驗及核發許可證，應收取審查費、檢驗費及證書費；其費額，由中央主管機關定之。

第 59 條　本法施行細則，由中央主管機關定之。

第 60 條　本法除第三十條申報制度與第三十三條保證金收取規定及第二十二條第一項第五款、第二十六條、第二十七條，自公布後一年施行外，自公布日施行。

第二十二條第一項第四款自中華民國一百零三年六月十九日施行。

本法一百零三年一月二十八日修正條文第二十一條第三項，自公布後一年施行。

本法一百零三年十一月十八日修正條文，除第二十二條第一項第五款應標示可追溯之來源或生產系統規定，自公布後六個月施行；第七條第三項食品業者應設置實驗室規定、第二十二條第四項、第二十四條第一項食品添加物之原料應標示事項規定、第二十四條第三項及第三十五條第四項規定，自公布後一年施行外，自公布日施行。

附錄三
參考文獻

1. 陳建源校正，黃登福、陳陸宏等編著，2008，實用食品添加物，華格那企業有限公司。
2. 夏文水等編譯，2005，食品加工原理，藝軒圖書出版社。
3. 汪復進、李上發編著，2011，食品加工學，新文京開發出版股份有限公司。
4. 汪復進等編著，2000，食品加工學（上）、（下），文京圖書出版社。
5. 程修和，2009，食物學原理，華都文化事業有限公司。
6. 彭清勇等10人，2011，食物學原理與實驗，新文京開發出版股份有限公司。
7. 增尾清著／張萍譯，2009，與食品添加物和平共處，世茂出版有限公司。
8. 金安兒等11人編著，2003，食品科學概論（上 下冊），富林出版社。
9. 劉靜 邢建華編著，2011，食品配方設計7步，北京化學工業出版社。
10. 李錦楓／李明清等著，2015，圖解食品加工學與實務，五南圖書出版股份有限公司。
11. 中華穀類食品工業技術研究所，餅乾製作。
12. 福井晉著，2009，最近食品業界動向（日文版），齊藤和邦。
13. 河岸宏和，2008，最新食品工場衛生及危機管理（日文版），齊藤和邦。
14. 江晃榮著，2002，不可思議的生物科技，世茂出版社。
15. 劉仲康林全信著，1998，有趣的微生物世界，台灣書店。
16 張哲朗／李明清等著，2015，圖解食品添加物與實務，五南圖書出版股份有限公司。
17. 日本國食品安全委員會事務局，食品安全性相關用語。
18. 中國（味精工業手冊）編委會，1995，味精工業手冊。
19. 〈你能懂—生命複製〉，明日工作室製作，1998。
20. 鍾獻文譯，2003，圖解奇妙有趣的細胞世界，世茂出版社。
21. 高淑珍譯，2008，圖解細胞世界，書泉出版社。
22. 鄧子衿譯，2016，微生物的巨大衝擊，天下雜誌股份有限公司。
23. 許嫚紅譯，2016，細菌：我們的生命共同體，商周出版。

國家圖書館出版品預行編目資料

圖解實用食品微生物學／李明清，邵隆志，吳
　伯穗，黃種華，蔡育仁，徐能振，徐維敦，
　吳澄武作. -- 二版. -- 臺北市：五南圖書
　出版股份有限公司，2023.03
　面；　公分

　ISBN 978-626-343-542-1(平裝)

　1.CST: 食品微生物

369.36　　　　　　　　　　111018932

5P23

圖解實用食品微生物學

作　　　者 ― 黃種華、吳伯穗、邵隆志、蔡育仁
　　　　　　　徐能振、徐維敦、吳澄武、李明清 (85.9)

發 行 人 ― 楊榮川

總 經 理 ― 楊士清

總 編 輯 ― 楊秀麗

副總編輯 ― 王正華

責任編輯 ― 金明芬、張維文

封面設計 ― 陳翰陞、姚孝慈

出 版 者 ― 五南圖書出版股份有限公司

地　　　址：106台北市大安區和平東路二段339號4樓

電　　　話：(02)2705-5066　　傳　　真：(02)2706-6100

網　　　址：https://www.wunan.com.tw

電子郵件：wunan@wunan.com.tw

劃撥帳號：01068953

戶　　　名：五南圖書出版股份有限公司

法律顧問　林勝安律師

出版日期　2017年4月初版一刷
　　　　　2023年3月二版一刷

定　　　價　新臺幣280元

※版權所有·欲利用本書內容，必須徵求本公司同意※

全新官方臉書

五南讀書趣

WUNAN
Books since1966

Facebook 按讚

👍 1秒變文青

五南讀書趣 Wunan Books

★ 專業實用有趣
★ 搶先書籍開箱
★ 獨家優惠好康

不定期舉辦抽獎
贈書活動喔！！！

經典永恆·名著常在

五十週年的獻禮 —— 經典名著文庫

五南，五十年了，半個世紀，人生旅程的一大半，走過來了。

思索著，邁向百年的未來歷程，能為知識界、文化學術界作些什麼？

在速食文化的生態下，有什麼值得讓人雋永品味的？

歷代經典·當今名著，經過時間的洗禮，千錘百鍊，流傳至今，光芒耀人；

不僅使我們能領悟前人的智慧，同時也增深加廣我們思考的深度與視野。

我們決心投入巨資，有計畫的系統梳選，成立「經典名著文庫」，

希望收入古今中外思想性的、充滿睿智與獨見的經典、名著。

這是一項理想性的、永續性的巨大出版工程。

不在意讀者的眾寡，只考慮它的學術價值，力求完整展現先哲思想的軌跡；

為知識界開啟一片智慧之窗，營造一座百花綻放的世界文明公園，

任君遨遊、取菁吸蜜、嘉惠學子！